创客教育

U0298366

Scratch·
爱编程的艺术家

贾皓云 汪慧容 童培杰 著

清华大学出版社
北京

内 容 简 介

本书是一本专门介绍通过Scratch编程绘制美丽艺术图案的创客类书籍。书中内容融合了Scratch编程与艺术，通过生动的语言、翔实的操作步骤和图片，深入浅出地讲解了通过Scratch编程绘制艺术图案的方法，让读者领略编程与艺术的魅力，并能举一反三地创造出个性化的Scratch编程艺术作品。

本书适合Scratch爱好者、中小学生、创客导师阅读。

图书在版编目（CIP）数据

Scratch：爱编程的艺术家 / 贾皓云，汪慧容，童培杰著 . —北京：清华大学出版社，2018（2022. 12重印）
（创客教育）
ISBN 978-7-302-48208-6

Ⅰ . ①S… Ⅱ . ①贾… ②汪… ③童… Ⅲ . ①程序设计 Ⅳ . ① TP311.1

中国版本图书馆 CIP 数据核字（2017）第 209673 号

责任编辑：张 弛
封面设计：傅瑞学
责任校对：赵琳爽
责任印制：沈 露

出版发行：清华大学出版社
　　网　　　址：http://www.tup.com.cn，http://www.wqbook.com
　　地　　　址：北京清华大学学研大厦A座　　　　　　邮　　编：100084
　　社 总 机：010-83470000　　　　　　　　　　　　邮　　购：010-62786544
　　投稿与读者服务：010-62776969，c-service@tup.tsinghua.edu.cn
　　质量反馈：010-62772015，zhiliang@tup.tsinghua.edu.cn
印 装 者：三河市君旺印务有限公司
经　　销：全国新华书店
开　　本：203mm×260mm　　　　印　　张：10.25　　　　字　　数：164千字
版　　次：2018年2月第1版　　　　　　　　　　　　　印　　次：2022年12月第3次印刷
定　　价：49.00 元

产品编号：076812-04

丛书编委会

主编　郑剑春

副主编　张春昊　刘　京

委员（以姓氏拼音为序）

曹海峰	陈　杰	陈瑞亭	程　晨	付志勇	高　山
管雪沨	黄　凯	梁森山	廖翊强	刘玉田	楼　燕
马桂芳	毛　勇	彭丽明	秦赛玉	邱信仁	沈金鑫
宋孝宁	孙效华	王继华	王　蕾	王旭卿	翁　恺
吴向东	谢贤晓	谢作如	修金鹏	杨丰华	叶　雨
殷雪莲	于方军	余　翀	袁明宏	张建军	赵　凯
钟柏昌	周茂华	祝良友			

序（一）
人人创客 创为人人

　　少年强则国强。风靡全球的创客风潮一开始就与教育有着千丝万缕的联系。这种联系主要表现在两个方面：一是像 3D 打印、智能机器、创意美食等融合了"高大上"的最新科技和普通人可以操作的、方便快捷的东西，本身就有很强的吸引力，很多青少年是被其吸引过来而不是被叫过来的，这意味着创客教育本身有很大的教育意义；二是创客教育对教育的更大挑战是，让这些青少年真正地面对真实社会。在自媒体的时代，信息传播的成本基本为零，任何一个人在任何一个年龄段都可以分享自己的创意，甚至这个创意还在雏形阶段，"未成形，先成名"。社交网络上的真诚点赞和可能带来的潜在商机，让投身创客学习模式的青少年在锻炼动手能力和创新思维的同时，找到了一个和社会直接对接的端口。

　　那么，一个好的创客应该具备什么样的品质呢？首先是"发现问题"，发现自己和身边人的任何一个微小需求，哪怕它很"偏门"，比如一个用来检测紫外线强度是否过强的帽子。但是根据"长尾理论"，有了互联网，世界各地的人们能够搜索到这种小众的发明，然后为其付费。其次是"质感品位"，做一个有设计思维的人，能够用设计师的方式去思考，当别人看到自己设计的东西时总有一种"工匠精神"之感——确实花了很多心思去设计，真诚地为自己点赞。也可以在开始时就有自己的品牌特色，比如设计一个商标或者统一外部特征。物和人一样，我们可以察觉到它们的不同个性，好的设计像一个富有个性的人一样有它的特色。通过欣赏好的设计，并且去制造它，可以提高自己对质感的把握能力和对品位的理解能力，使自己的创客作品能够超越"粗糙发明"的状态，成为一个精致的造物。第三是要能够驾驭价值规律，可以从很多现成的套件入手，但是最终一定要能够驾驭原始材料，如基础控制板、电子元器件、木头、塑料、铝等，因为只有这样才能驾驭成本。几乎没有小饭馆会采用从大酒店订餐然后再卖给自己顾客的做法，因为它

们无法卖出大酒店的价格。同样，用现成套件搭建的作品也卖不出去，因为它的成本太高，现成套件只是一个很好的入门途径。通过一步步的学习，最终学会了驾驭原始材料，就能够实现物品的使用价值和成本之间的飞跃。就像我们用废旧物品制作机器人一样，它仿佛在对你说："谢谢你给予了我新的生命，原来我一文不值，现在却成为大家眼里的明星。"而这种价值提升的过程也是创客特别引以为傲的地方。最后就是"资源和限制"，知道自己擅长什么、不擅长什么，才能很好地寻找合作伙伴，所有的创新都在有限资源和无限想象力之间"妥协"。通过了解物和人的资源及限制，就可以驾驭自己无限的想象力了。你肯定会想："哦，我明白了，创客就是对于任何一个自己或者别人微小的需求都能够用有质感和品位的方式来满足，从中得到价值上的提升，并且能够组建团队创造性地解决问题的一群人。"那么我会回答："嗯……我也不太清楚，因为创客领域的所有答案都要你亲自动手去解决，你先去做，然后告诉我，我说得对不对。""那么，我要怎么做呢？"

"创客教育"系列丛书提供了充分选择的空间，里面琳琅满目的创客项目，总有一款适合你。那么，亲爱的朋友，如果你现在能够对自己说，第一，我想学，而且如果一时找不到老师，我愿意自学；第二，我想去做一个快乐、自由的创造者，自己开心也能够帮助身边的人解决问题，那么你在思想上已经是一个很优秀的创客了。试想，一个"人人创客，创为人人"的社会应该是怎样的呢？我们认为一定是一个每个人都能够找到自己最愿意干的事，每个人都能够找到适合自己的项目"搭档"的世界。我们说得到底对不对呢？请大家动动手，亲自验证吧！

丛书编委会

2015年6月

序（二）

恰在我最忙的时候，贾皓云老师来电恳请我为他的新书作序。

选择拒绝于我有 N 个理由。但基于对贾老师的赏识，我不忍拒绝；尤其是看完贾老师传来的样稿后，我知道我已无法拒绝！

初识贾皓云老师，是在"思迪蒙教师沙龙"的一次活动上。"思迪蒙"是 STEAM（科学、技术、工程、艺术、数学）的谐音，也有"启思、启迪、启蒙"之意。"思迪蒙教师沙龙"就是一个有志于开展 STEAM 教育（包括创客教育）的教师自发形成的区域性群众组织。贾皓云老师是其中的骨干分子，也是活跃分子。他主动申请在下次沙龙活动上作一次 STEAM 教育经验分享的举动，给我留下了极为深刻的印象：一个大方、上进、睿智的"眼镜男"。

贾老师的这本书是一本专门介绍 Scratch 绘图的青少年创客创新类图书，字里行间融合 Scratch 编程与艺术，以通俗易懂的语言，深入浅出地讲解了如何运用 Scratch 绘制美丽的图案。"旋转之美""移动之妙""分形之奇""交互之趣"逐章逐节呈现了 Scratch 在艺术创作上的无限魅力。

开卷有益！这本书很适合 Scratch 爱好者、中小学生和创客导师、STEAM 教育者阅读。

热切期待贾皓云老师这本书的"姊妹篇"——《Scratch·爱编程的数学家》和

《Scratch·爱编程的科学家》早日问世。

是为序。

曾乾炳

2017 年 5 月 27 日于南昌

（曾乾炳：成都市锦江区教育局电教馆馆长，中学高级教师，锦江区特级教师）

前 言

　　在传统观念中，编程是枯燥乏味、晦涩难懂的，但是 Scratch 颠覆了人们对编程的固有认识。Scratch 是麻省理工学院（MIT）媒体实验室开发的一款图形化编程软件。Scratch 软件降低了编程的门槛，无须输入代码，使人感觉编程如拼积木般简单有趣。使用 Scratch 编程可以方便地创作数字故事、交互游戏、艺术作品等，本书专注于介绍通过 Scratch 编程绘制艺术图案。

　　科技与艺术似乎是两个相距甚远的学科门类，艺术教师往往会遇到这样的学生，他们酷爱计算机科学，喜欢编程，却对艺术没有什么兴趣；而科技教师又会遇到另一类学生，他们在绘画或音乐上颇具天赋，却没有足够的研究计算机科学的热情。那么，教师应该怎样做才能在照顾到学生普遍参与的前提下，保护和发展学生的个性呢？

　　我认为，利用 Scratch 软件进行艺术创作无疑是一个很好的手段。学生利用 Scratch 进行创作的过程，实际也是在完成一个跨学科项目，这也正符合 STEM+ 教育理念的核心思想。偏好计算机科学的学生在通过编程设计艺术作品的过程中了解了艺术知识和艺术手法；而偏好艺术的学生在这样的过程中学习了计算机科学。学生可以从计算机科学的角度去审视艺术作品，也可以用艺术的眼光去审视一段计算机程序。这样，既尊重和培养了学生的个性，又调动了更广泛的学生的学习兴趣，同时还有助于学生的全面发展。

　　在现代社会中，数字技术与人们的生活密切相关，我们每天都接收着数字媒体给我们提供的信息及娱乐。不只是成年人，已经有越来越多的孩子花大量的时间与计算机进行互动，浏览网页、听音乐、即时聊天、完成在线作业或玩游戏等。数字艺术是在数字技术和计算机程序等手段下诞生的艺术形式，数字艺术影响着人们生活的方方面面，也为学校科技与艺术教育提出了新的要求，在新时代的创

客教育背景下，科技教育须顺应时代需求，培养兼具科技素养、艺术气质和新媒体意识的新时代公民。

希望你在阅读本书的同时积极实践，在本书提供的案例的基础上修改、创造，在编程的过程中感受程序之美、逻辑之美、艺术之美。

鉴于作者水平有限，不足之处在所难免，欢迎读者批评指正。

贾皓云

2017 年 9 月

目 录

第 1 章
Scratch中的艺术世界

或许你与 Scratch 初相识，

或许你对它知之甚少，

跟随我的步伐吧，

一起走进

Scratch 的艺术世界！

一起感受

Scratch 编程的魅力！

第1节　初识Scratch

提到编程，你是否会想到密密麻麻的程序代码呢？如果你看到 Scratch，就会发现编程如同搭积木一般简单有趣，现在，就让我们一起去认识一下 Scratch 吧！

项目描述

这是我们第一次与 Scratch 接触，首先需要从 Scratch 官方网站下载 Scratch 软件并将软件安装到计算机上，然后初步了解 Scratch 的界面并对软件的语言、字号进行设置。

1. 下载安装

首先进入 Scratch 官方网站 https://scratch.mit.cdu/，在网站首页单击 Help，如图 1-1 所示。

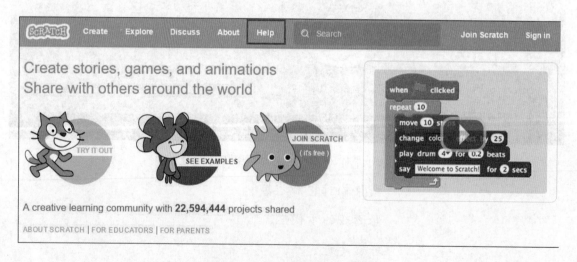

图1-1　Scratch 官方网站首页

将页面向下拖动，在右侧 Resources 区域找到 Scratch 2 Offline Editor，如图 1-2 所示，并单击该选项。

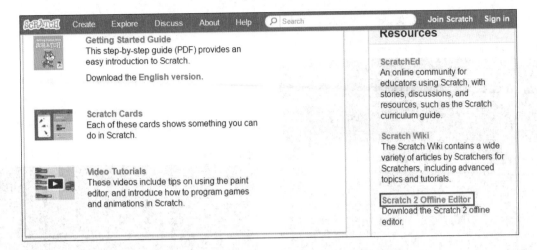

图 1-2　"Scratch 2 Offline Editor"下载链接

此时可以看到，Scratch 的安装分为 3 个步骤，如图 1-3 所示，不同的操作系统需要安装与自己系统相对应的安装文件。下面就以 Windows 系统为例进行讲解。

图 1-3　安装 Scratch 2.0 所需的文件

第 1 步，安装 Adobe AIR。

首先下载 Adobe AIR 安装文件——Adobe AIR 安装包如图 1-4 所示。Adobe AIR 是 Adobe 旗下的产品，这个平台产品提供了一个接口，方便你利用 Web 开发（如 Flash，Flex，HTMI 等）。

双击 Adobe AIR 安装文件图标，在弹出的"Adobe AIR 安装"对话框中单击"我同意"按钮，如图 1-5 所示。

AdobeAIRInstall er.exe

图 1-4　Adobe AIR 安装包

3

界面显示"正在安装",如图 1-6 所示,稍候片刻就可以安装好。

图 1-5 "Adobe AIR 安装"对话框　　　　　　图 1-6 正在安装 Adobe AIR

安装完毕,如图 1-7 所示,单击"完成"按钮即可。

第 2 步,安装 Scratch Offline Editor。

Scratch Offline Editor 是专门针对儿童的编程软件,具有建模、控制、动画、事件、逻辑、运算等功能。

根据自己所使用的操作系统,下载 Scratch Offline Editor 安装文件,Scratch Offline Editor 安装文件如图 1-8 所示。

Scratch-451.exe

图 1-7 Adobe AIR 安装完成界面　　　　　图 1-8 Scratch 软件安装包

双击该安装文件,"安装首选参数"与"安装位置"都采用默认设置,如图 1-9 所示。

单击"继续"按钮,开始安装,程序安装过程如图 1-10 所示。

安装完成后,软件自动打开,呈现眼前的是一个亲切的界面。

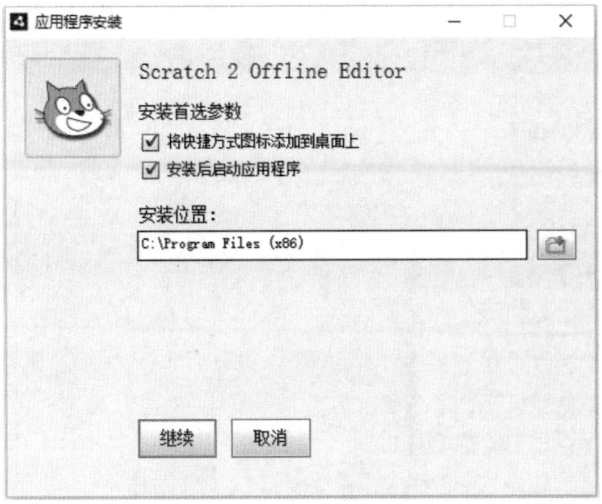

图1-9　"安装首选参数"选择与"安装位置"设置　　　　图1-10　Scratch 软件正在安装

关掉软件之后，就会在桌面上发现一个 Scratch 小猫头像图标，如图 1-11 所示，下次打开软件只需要双击这个图标即可。

第 3 步，下载支持材料。

以下这些支持材料（Support Materials）可以带领初学者进入 Scratch 的世界。

图1-11　Scratch 软件的桌面快捷方式

Starter Project，演示程序；

Getting Started Guide，初学者手册；

Scratch Cards，Scratch 卡片。

这里不再作过多介绍，有兴趣的读者可以下载下来看一看。

2. 界面设置

双击桌面的 Scratch 图标，再次打开 Scratch 软件。

软件打开的时候可能是英文版的，如何更改语言呢？可以单击软件左上角这个像地球一样的图标，在弹出的下拉菜单的最下方有一个小三角按钮，将鼠标放在这个小三角上，菜单栏向上滚动，如图 1-12 所示。

我们选择下方的"简体中文"命令（见图 1-13）后，我们发现软件的语言变成了熟悉的中文了，是不是感觉字号太小？如果字号小可以按住键盘上的 Shift 键并单击地球图标，选择 set font size 命令，如图 1-14 所示。

5

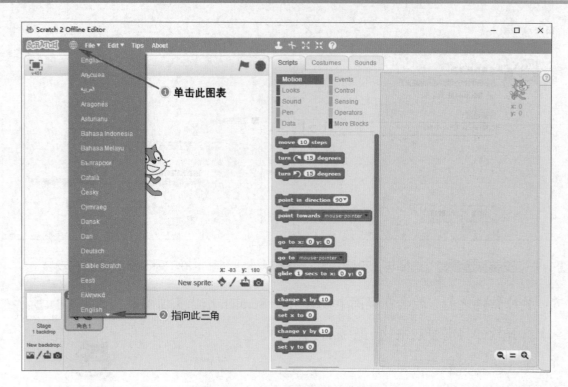

图 1-12　在 Scratch 中选择语言

图 1-13　选择"简体中文"命令

图1-14　更改Scratch软件界面的显示字号

将Scratch软件的字号设置为18，如图1-15所示。

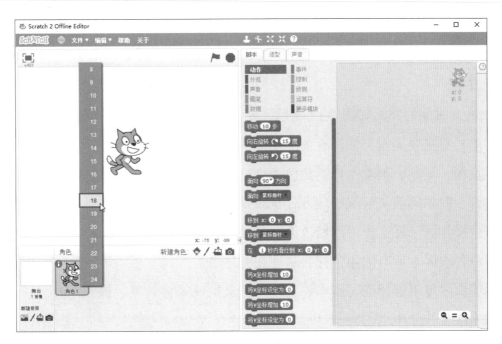

图1-15　将字号设置为18

将字号更改为 18 后的显示效果如图 1-16 所示，当然，也可以根据自己的喜好来选择合适的字号。

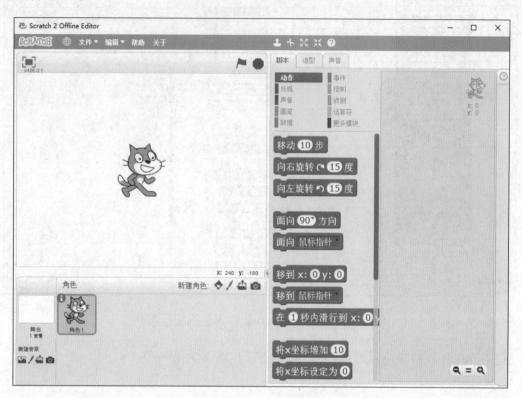

图 1-16　将字号更改为 18 后的显示效果

3. 界面介绍

Scratch 软件的界面如图 1-17 所示。

菜单栏：主要显示与文件有关的功能选项。

工具箱：复制、删除及控制角色大小、显示帮助的工具。

舞台：就如同演员演戏的地方，也就是作品最后呈现的地方。

舞台操作区：在这里可以修改舞台背景。

角色列表区：所有的角色都会呈现在此区域。

标签页：可以选择编写脚本、更改角色造型或舞台背景、操作声音。

积木区：共分 10 大类积木块。

脚本区：利用拖曳、拼接程序积木的方式在此编写程序脚本。

帮助窗口：单击帮助窗口可以获得帮助。

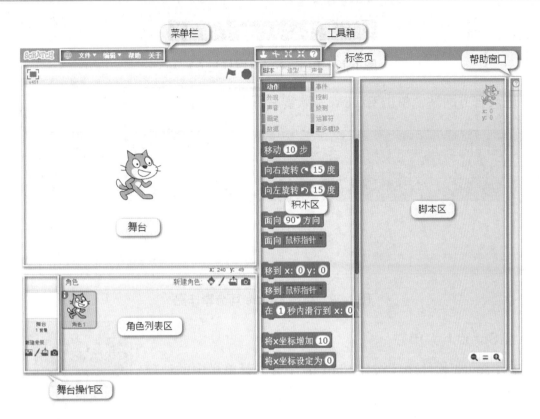

图 1-17　Scratch 界面区域划分

关于界面就作这些简单的介绍，后面用到的时候再作深入了解。读者可以先自己探索一下强大的 Scratch 编程软件。

回顾总结

安装 Scratch 2.0 之前需要先安装 Adobe AIR，安装好 Scratch 2.0 之后，单击地球图标更改语言，按住 Shift 键单击地球图标可以更改字号。

自主探究

1. 探索 Scratch 官方网站

单击软件左上角的 Scratch 图标（图 1-18）可以直接进入 Scratch 的官方网站，世界各地的 Scratch 爱好者在这里分享、交流自己创作或改进的 Scratch 作品。

图 1-18 单击 Scratch 字样进入官网

进入官方网站，单击 Explore，欣赏一下网站上所分享的作品吧！

图 1-19 单击 Explore 可分享作品

2. 探索 Scratch 菜单栏

在 Scratch 软件中，按住 Shift 键并单击菜单栏中的地球图标，会出现"import translation file（导入翻译文件）"和"set font size（设置字号）"的菜单命令（见图 1-20），如果按住 Shift 键并单击菜单栏中的其他命令，在出现的下拉菜单中的命令会发生变化吗？

图 1-20 菜单命令

第2节 小 猫 散 步

Scratch 软件亲切的界面让我们忍不住想要与它来一次亲密接触，使用 Scratch 软件进行编程到底是一种什么样的体验呢？也许你已经迫不及待了，这一节，就让我们一起在 Scratch 软件上面编写程序，一起去感受 Scratch 编程的独特魅力！

项目描述

这是第一次在 Scratch 中编写程序脚本，我们的最终目标是让小猫动起来，实现在舞台上来回走动的效果，如图 1-21 所示。通过这一案例大致了解 Scratch 的编程方法。

图1-21　"小猫散步"项目效果

编程思路

（1）使用动作类积木让小猫在舞台上移动。

（2）小猫移动时配合双脚的走动效果，让小猫的动作更自然。

（3）添加背景，让画面更生动。

程序设计

1. 小猫动起来

　　相信你早已注意到舞台中央的小猫了，在 Scratch 软件中它被称为"角色"，就如同舞台上的演员。不过现在它安安静静地站在舞台中央，怎么才能让它动起来呢？

　　想让小猫这个角色动起来，就需要对小猫编写程序，在 Scratch 中称为脚本。首先在动作类积木中找到 移动 10 步 ，将它拖曳到脚本区，单击一下这一句脚本，你看到了吗？小猫往前移动了一点点，这一段距离就是 Scratch 中 10 步的距离，这便是 移动10步 执行的效果。再单击一次，小猫再往前移动一点点。可是，怎么才能让它一直往前走呢？

2. 一直走下去

当然，可以反复单击 移动10步 让小猫一直向前移动，不过单击一下才动一下的小猫确实让人觉得无趣，若是计算机能帮我们做单击鼠标这件重复的事情，岂不是更好？

干重复的事情，这可是计算机的专长！在控制类积木中找到 重复执行，将其拖动到脚本区，我们要让小猫重复做一件什么事情呢？那就是移动 10 步。我们将 移动10步 拖动到"重复执行"中，就如同拼积木一样拼接好。

一段程序脚本需要有一个开始执行的标志，在 Scratch 中最常用的程序开始标志是绿旗，我们在事件类积木中找到"当 ▶ 被点击"（以下在正文中指"单击"），将它拼接到程序的起始位置，如图 1-22 所示。这意味着"当 ▶ 被点击"这个事件发生时，就会执行绿旗积木下面的程序。

单击舞台上方的绿旗 ▶，小猫居然向前动起来了，而且一直移到舞台的边缘。你可以将小猫拖回到舞台中央，可是只要一松开鼠标，它又会冲向舞台边缘。怎么才能让它停下来呢？在舞台上方靠近绿旗的位置有一个红色的小圆按钮 ●，单击该红色按钮。怎么样？小猫乖乖待在原地不动了。

试　一　试

怎么改变小猫移动的速度呢？

将移动 10 步改成移动 5 步或移动 15 步，会怎样（图 1-23）？

(a)　　(b)

图 1-22　角色移动程序　　　　图 1-23　移动 5 步和移动 15 步

3. 行走动作

你是不是想说这只小猫根本就不是在行走，而是在溜冰？这确实是个问题，因为它在行走的时候手脚根本就没有动一下。

下面一起来看看如何解决这个问题。单击"造型"选项卡，从这里可以看到这个角色有两个造型，如图 1-24 所示，这就相当于这个角色可以做出两个动作。交替单击"造型 1"和"造型 2"，就会发现小猫确实做了一些动作上的变化，好像真的走了起来。当然，刚刚所做的交替单击切换造型这样的事情完全可以由程序来帮助完成。

图1-24　角色的"造型"选项卡

单击"脚本"选项卡，编写程序脚本切换造型。角色的造型属于外观的范畴，我们在外观类积木中找到 下一个造型 ，将其拖动到脚本区，单击一下，再单击一下，就会发现这个积木可以让角色在"造型 1"与"造型 2"之间来回切换。

怎么才能让角色的造型自动来回切换呢？也许你已经想到了，这就需要使用"重复执行"积木，如图 1-25 所示。

单击绿旗再试一试，发现小猫的双脚在快速运动，完全不像散步的样子。那么能不能让小猫的双脚运动得慢一点呢？当然可以，只需要每切换一个造型等待一会儿即可，我们在控制类积木中找到 ，拼接在"下一个造型"的下方，如图 1-26 所示，这样每切换一次造型，都会等待 1 秒钟。

图 1-25　造型切换程序　　　　图 1-26　造型切换程序

慢是慢下来了，不过小猫走路的动作显得非常迟缓，与运动速度不协调。我们可以更改切换造型等待的时间，同时可以更改移动的速度，让小猫的动作更加自然协调。更改之后的程序如图 1-27 所示。

试 一 试

我们可以编写不同的程序脚本来实现小猫的行走效果，刚刚我们编写了两段程序让小猫行走起来。图 1-28 所示是另外一种方法，试一试，与之前编写的程序脚本所实现的效果有什么不一样？

图 1-27　角色行走程序　　　　　　图 1-28　小猫的另一种行走方式

4. 来回散步

我们总是担心这只小猫跑到舞台外面去，每次都要把它从舞台边缘给拖回来，要是它不那么调皮，在舞台上乖乖地来回走动该多好。

在 Scratch 中，这可不是什么难事！我们在动作类积木中找到 碰到边缘就反弹 ，从积木的名字就可以猜测到，它可以让小猫一走到舞台边缘就会弹回去。把它拼接到移动积木的后面，如图 1-29 所示，

图 1-29　角色在舞台来回移动程序

这样小猫每移动一步，都要看一看是否碰到了舞台边缘，没碰到则罢，一碰到就会被弹回去。呵呵，这样说似乎有点夸张，不过也很形象，试试看！

不试不知道，一试吓一跳！小猫碰到边缘之后竟然倒着往回走，如图1-30所示，这究竟是怎么回事？

下面请容我慢慢道来！

图1-30　角色发生倒转

角 色 信 息

我们在角色列表区找到小猫这个角色，看到角色左上角的字母"i"了吗？单击该字母就可以看到小猫这个角色的相关信息。

文本框中的是角色名，原来我们刚刚一直叫的"小猫"并不是角色名，这个角色真正的角色名是"角色1"。

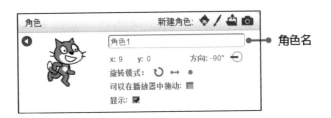

15

在这里可以对角色名进行更改，就改成"小猫"吧。

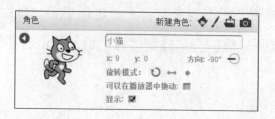

x:9，y:0 指的是角色的坐标，关于坐标咱们以后再讲，在此先来谈一谈角色的方向。

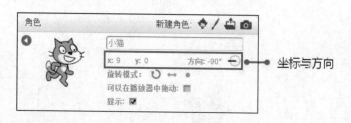

坐标与方向

这里显示角色的方向是 –90°，再看看舞台上角色所面向的方向——朝向左边。那么在 Scratch 中，角色方向的角度值是如何与实际方向对应的呢？

方向: –131° 在方向值的右边有一个手柄，当我们旋转手柄时，角色所朝的方向也在跟着改变。通过旋转手柄可以发现，角色的方向值在 –180°~180° 变化。手柄指向正下方时是 –180°，随着手柄顺时针旋转，方向值增加，再次旋转到正下方时，方向值为 180°。关于角色的方向，我们今后还会继续探讨，这里只作初步了解。

下面我们来看看角色的旋转模式。

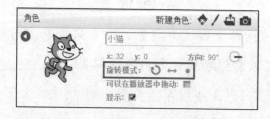

角色的旋转模式有 3 种，分别是：

↻ 允许旋转。当角色的方向值改变时，角色在舞台上会发生旋转，面向相应的方向值。

↔ 左右翻转。当角色的方向值发生改变时，角色在舞台上只能左右翻转。

● 禁止旋转。无论角色的方向值如何变化，角色都不会改变自己的朝向。

你可以分别选择这 3 种模式，通过旋转手柄改变角色的方向值，比较一下舞台上角色的变化情况。

下面的"可以在播放器中拖动"很好理解，在舞台左上方有这样一个符号，单击该符号就可以进入播放模式，我们会发现小猫是不能被拖动的，如果选中"可以在播放器中拖动"复选框，就可以在播放器中任意拖动角色了。

最后是"显示"复选框，当我们取消选中该复选框时，角色是不会在舞台上显示的，处于隐藏状态。

设置完毕后，单击信息面板左上角的◀按钮可以返回角色列表。

单击角色左上角的"i"字母，将角色名更改为"小猫"，旋转模式选择为左右翻转，如图 1-31 所示，小猫立即正了过来。

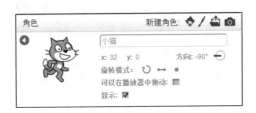

图 1-31　更改角色名

单击绿旗，一只在舞台上悠然散步的小猫便实现了。

不过，空空荡荡的舞台毫无美感可言……

5. 美化舞台

我们可以用一些简单的方法让舞台背景丰富起来。看到背景控制区，有 4 种方式新建舞台背景，如图 1-32 所示。

从背景库中选择背景。

绘制背景。

从本地文件中上传背景。

拍摄照片当作背景。

图 1-32　4 种新建舞台背景的方式

Scratch 软件自带的背景库中提供了丰富的背景素材，我们单击▨按钮打开背景库。从中选择一张 bedroom2 作为舞台背景，如图 1-33 所示，你也可以选择一个自己喜欢的背景，还可以尝试通过绘制、上传、拍照等方式新建背景。

图 1-33　背景库中的"室内"类背景

把小猫拖动到合适的位置，现在，可以看到一只在屋子里面散步的小猫，如图 1-34 所示。为什么会在屋子里面散步呢？也许是因为外面空气质量太差，在屋子里面散步更安全吧。

图1-34　最终效果

回顾总结

本节通过一个简单的案例初步了解了 Scratch 的编程方法，动作类积木可以让角色做出相应的动作，外观类积木可以改变角色所呈现出的外观，控制类积木主要决定了程序怎么执行，事件类积木主要决定了程序开始执行的方式。读者可以尝试探索更多积木块的功能。

自主探究

1. 制作动画《小猫与蝴蝶》

制作一个小猫来回行走，蝴蝶在小猫头顶飞舞的动画，如图 1-35 所示。

2. 制作动画《跳舞的女孩》

制作一个跳舞的女孩动画，并探索如何实现在女孩跳舞的同时播放音乐，如图 1-36 所示。

图 1-35　小猫与蝴蝶

图 1-36　跳舞的女孩

第3节　像素机器人

　　Scratch 软件自带了强大的绘图功能，除了可以从角色库、背景库中选择角色或背景，还可以随心所欲地绘制所需的角色或背景。结合编程，你可以制作出极具个性的动画。

项目描述

　　这一节我们要制作这样一个动画：晴朗的一天，艳阳高照，白云飘飘，一个由像素点组成的迷你机器人在阳光下移动，享受着这美好的一天，如图 1-37 所示。

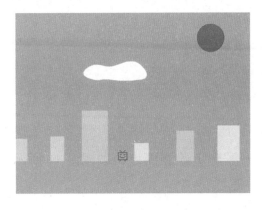

图 1-37 "像素机器人"项目效果

编程思路

（1）绘制具有多个造型的像素机器人，通过编程让它们在舞台上运动。

（2）绘制一个"艳阳高照"的舞台背景。

（3）绘制白云角色，通过编程让它在天空飘动。

程序设计

1. 像素机器人

今天舞台上的主角是一个像素机器人，我们要跟小猫说再见了。我们来到角色列表区，在小猫角色上右击，如图 1-38 所示，从弹出的快捷菜单中选择"删除"命令。

新建角色的方式有 4 种，如图 1-39 所示。

新建角色：

图 1-38 选择"删除"命令 图 1-39 新建角色的 4 种方式

21

◆从角色库中选取一个新的角色。

✎绘制一个新的角色。

⬆从本地文件夹中上传新的角色。

📷拍摄照片作为角色。

本节的主角"像素机器人"需要我们自己动手绘制，单击✎按钮，如图 1-40 所示。

图 1-40　单击绘制新角色

单击✎按钮后，打开了角色绘制面板，如图 1-41 所示，可以为角色绘制一个造型。

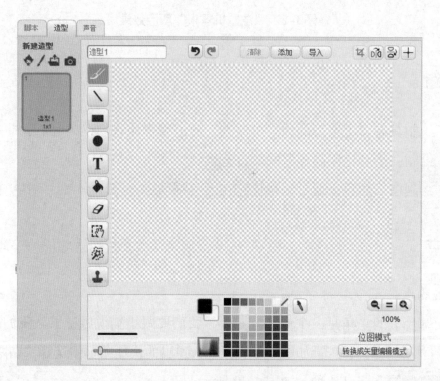

图 1-41　角色绘制面板

在正式绘制之前，先来认识一下绘图面板中的绘图工具。

位图绘图工具

绘图面板右下角显示了我们现在正在使用的绘图模式——位图模式。

单击下方的"转换成矢量编辑模式"，绘图模式就变成了矢量模式。

矢量模式
转换成位图编辑模式

通过单击这个按钮，可以在位图模式和矢量模式之间来回切换。那么什么是位图？什么又是矢量图呢？

简单地说，位图是由我们称为像素的一格一格的小点组成的，将位图不断放大，就会看到一个个的小方格，就好像是马赛克的色块。而矢量图是通过曲线来描述图像的，同时还包含了色彩和位置信息，将矢量图放大之后，不会看到像马赛克一样的色块。

我们将绘图模式调回到"位图模式"。位图模式的绘图工具在面板的左侧，下面来熟悉一下这些工具。

笔刷工具，可以用它自由地绘制想要的图形。

直线工具，用来绘制直线。

矩形工具，用来绘制矩形，绘制的同时按住 Shift 键可以绘制出正方形。

椭圆工具，用来绘制椭圆，绘制的同时按住 Shift 键，可以绘制出正圆。

文字工具，用来输入需要的文字，可以选择不同的字体。

填充工具，用来填充图形或轮廓。

擦除工具，用来擦除不需要的地方。

选择工具，选择我们绘制的图形的一部分并可以移动。

背景去除工具，可以用它去除一张图片的背景色。

图章工具，选择我们绘制的图形的一部分并复制。

关于调整画笔粗细、选择颜色、放大缩小画布功能，我们将在后面的实践中学习。

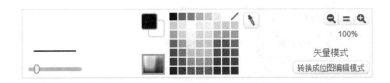

选择笔刷工具，在颜色选择区选择红色，单击右下角的加号将画布放大到800%，可以看到我们的笔刷是一个小方块，如图 1-42 所示。

图 1-42 将画布放大后进行绘制

可以通过单击的方式在画布上一个点一个点地进行绘制，所画的像素机器人是图 1-43 所示的模样。

我们为像素机器人再增加一个造型，新建造型的方法同样有 4 种，如图 1-44 所示。

◆ 从造型库中选取造型。

／ 绘制新造型。

▲ 从本地文件中上传造型。

◙ 拍摄照片当作造型。

图 1-43 绘制完成的角色

图 1-44 新建造型

由于我们要增加的造型与制作完成的角色相似，所以以上 4 种办法我们暂时都不会用到,我们有更简单的办法来创建这个新的造型。在"造型1"上右击,如图1-45所示,在弹出的快捷菜单中选择"复制"命令。

这样便复制了一个与"造型1"一模一样的"造型2",如图1-46所示。

图1-45　选择"复制"命令　　　　　图1-46　复制之后产生的相同造型

在"造型2"上稍作更改,可以配合擦除工具和笔刷工具进行调整。现在我们的像素机器人就有了两个不同的造型,如图1-47所示,你也可以为它增加更丰富的造型。

我已经迫不及待地想让它动一动了,赶紧为它编写程序。图1-48所示的这段程序大家还熟悉吧!

可以看到,像素机器人在舞台上闪烁起来,呈现出一种赋予了它生命的感觉。可以在刚刚编写的程序的基础上进一步完善它,让它能够在舞台上来回地移动吧!完善后的程序如图1-49所示。

图1-47　调整更改之后的造型对比　图1-48　造型切换程序　图1-49　角色来回移动程序

25

2. 艳阳高照

白色的舞台背景略显单调，我们单击绘制新背景，在打开的绘图面板中，可以绘制我们想要的背景。

选择矩形工具，选择颜色为灰色，采用填充模式，在画布下方拖出一个矩形作为地面，如图 1-50 所示。

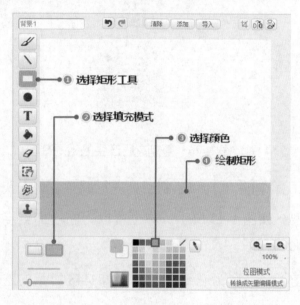

图 1-50　绘制灰色矩形作为地面

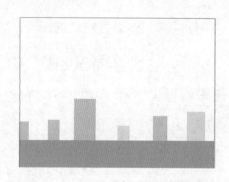

图 1-51　绘制各色矩形作为建筑物

可以用同样的办法在地面上绘制一些方块作为建筑物，如图 1-51 所示。

还需要什么呢？或许应该是蓝蓝的天空。选择颜色填充工具 ，选择浅蓝色，单击建筑物上方的白色区域，一瞬间，整个天空都变蓝了，如图 1-52 所示。

再在天空挂上一个太阳。选择椭圆工具 ，选择红色，按住 Shift 键，拖曳到恰当的位置，画出一个红色的正圆，如图 1-53 所示。

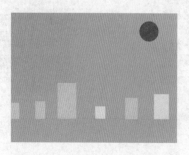

图 1-52　将天空填充成蓝色

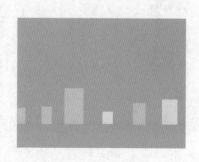

图 1-53　绘制太阳

好吧，舞台绘制完毕，根据你的想法来画就可以了，相信你画的舞台会比我画的要漂亮得多。

3. 白云飘飘

要是天空中再飘上一朵白云，画面也许会更加漂亮。

单击绘制新角色按钮 ✎，绘图面板再次打开。你会发现，我们很难用绘图面板中的工具去绘制一朵白云，因为白云的形状既不是方形，也不是圆形，而是不规则形状。当然，如果你有一定的绘画功底，可以选择笔刷工具进行绘制。这里我要教大家一种新的绘图模式——矢量模式。

矢量绘图工具

单击右下角的"转换成矢量编辑模式"，就会发现绘图面板有一些变化，绘图工具从左侧移到了右侧，下面就来了解一下这些矢量绘图工具。

⬆ 选择工具，用来选择、移动绘制好的矢量图形。

✊ 变形工具，调整矢量图形边缘的节点，可以对图形进行变形。

✐ 铅笔工具，用来绘制任意的曲线。

╲ 直线工具，用来绘制直线。

▢ 矩形工具，用来绘制矩形，按住 Shift 键拖曳可以绘制出正方形。

◯ 椭圆工具，用来绘制椭圆，按住 Shift 键拖曳可以绘制出正圆。

T 文字工具，输入需要的文字，可以选择字体。

⬙ 填充工具，用来为形状填充颜色。

⬆ 复制工具，通过拖曳可以复制一个图形，按住 Shift 键可以复制多个图形。

如果已经在画布上绘制出了图形，在工具栏中还会多出两个工具，它们分别是：

⬆ 上移一层；⬇ 下移一层。

用这两个工具可以调整图形的叠放顺序。

下面通过一个简单的例子——画心形，让大家熟悉一下这些工具的使用方法。

第一步，选择椭圆工具，颜色为红色，选择填充模式。按住 Shift 键，绘制一个正圆。

第二步，选择变形工具调整圆形的节点。可以通过在图形的边缘单击来添加或者删除一个节点。

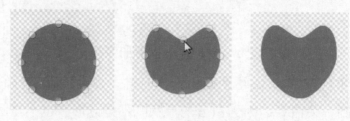

第三步，选择矩形工具，绘制一个矩形并调整形状。

第四步，选中心形，选择上移一层工具，将心形上移一层。

第五步，单击选择工具。选中心形，并将其拖曳到多边形的中央。

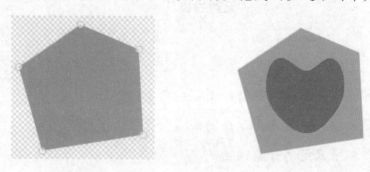

通过这个小案例，你应该大致了解了矢量绘图工具的使用方法，并需要在更多的实践中熟练掌握。

下面开始绘制云朵。

首先绘制一个白色的椭圆，如图 1-54 所示。

用变形工具进行变形，调整成云朵的形状，如图 1-55 所示。

单击右上角的设置造型中心 ✛，设置造型的中心点，如图 1-56 所示。云朵就绘制好了，就这么简单，接下来要做的是给云朵编写程序，让它在天空中飘动。云

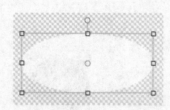

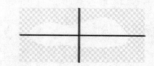

图 1-54　绘制椭圆　　　　　图 1-55　调整节点进行变形　　　　图 1-56　设置造型中心点

朵不应该在天空来回移动，在风向稳定的情况下，它是朝着一个方向飘动的，在这里让它从右往左飘动。可是，移到最左侧之后怎么办呢？我们只有一个云朵角色，不会再有另外一朵云飘过来。有一个巧妙的办法是，可以让这朵云悄悄回到右侧，再从右侧飘到左侧。现在问题来了，Scratch怎么知道哪个位置叫"左侧"、哪个位置叫"右侧"呢？

为此，我们不得不了解一种重要的描述位置的方式——坐标。

坐　标

坐标可以描述平面或空间上的任意一点的位置。

在 Scratch 的舞台上，同样可以用坐标来描述任何一个角色所处的位置。

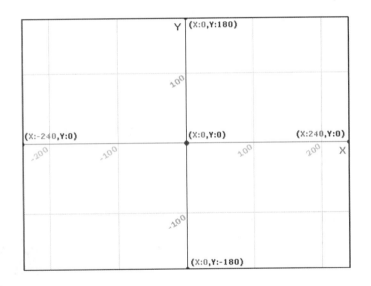

横向的位置用 x 坐标表示。例如，舞台的最左侧的 x 坐标是 −240，舞台中间的 x 坐标是 0，舞台最右侧的 x 坐标是 240。我们发现，如果一个角色向右移动，它的 x 坐标值会增加，如果它向左移动，它的 x 坐标值会减小。

纵向的位置用 y 坐标表示。例如，舞台下边缘的 y 坐标是 −180，舞台中间的 y 坐标是 0，舞台最上方的 y 坐标是 180。同样的道理，如果一个角色向上移动，它的 y 坐标值会增加，如果它向下移动，它的 y 坐标值会减小。

同时使用 x 坐标和 y 坐标，就可以确定舞台上任意一个点的位置，舞台右下角会显示鼠标指针当前所处的位置。

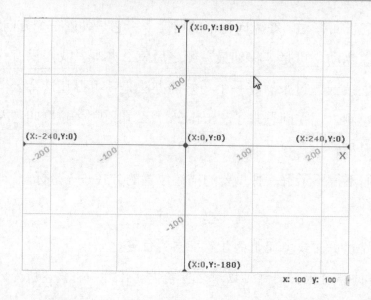

鼠标当前的位置坐标可以写作（100，100），第一个数字是 x 坐标，第二个数字是 y 坐标。

了解了坐标，现在就可以用坐标来表示云朵的位置了。

我们将云朵出发的位置设定为（240，60），x 坐标是 240，说明已经是最右侧了，y 坐标是 60，这个值是在调整云朵高度位置的时候通过舞台右下角的坐标显示观测到的。

选中云朵角色，写一段程序让云朵飘起来吧！当单击绿旗时，云朵移动到（240，60）的位置。为了让云朵能够向左移动，需要让云朵的 x 坐标不断减小，所以重复执行将 x 坐标增加 –1，如图 1-57 所示。单击绿旗，云朵向左缓缓飘动。

图 1-57　云朵左移程序

不过，当它到达最左侧的时候，本应回到（240，60）的位置重新飘过，但它却在那里不动了。因为 Scratch 根本不知道它到了舞台的最左侧，所以，还要让 Scratch 进行简单的判断。

我们在控制类积木中找到　积木。

如果云朵的 x 坐标小于 –239，它就应该再次回到初始位置。我们在动作类积木中找到　x坐标　积木，这个积木中储存着该角色此刻的 x 坐标，在运算符类积木中

找到 ，接下来就可以进行比较判断了。如果云朵的 x 坐标小于 –239 时，那就让它回到初始位置（240，60）吧，程序如图 1-58 所示。

单击绿旗，云朵按照希望的效果飘起来了，云朵的完整程序如图 1-59 所示。

图 1-58　角色位置判断部分程序　　　　图 1-59　云朵飘动完整程序

最终效果如图 1-60 所示。

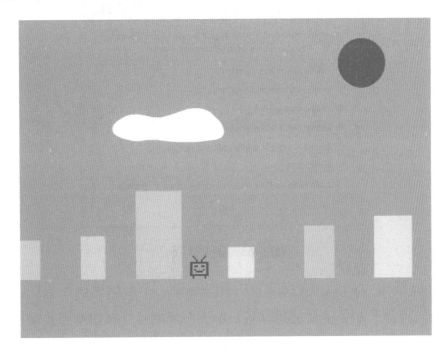

图 1-60　最终效果

4. 录制动画

我们可以将刚刚制作的动画保存成视频文件。选择"文件"→"Record Project Video"菜单命令，如图 1-61 所示。

弹出图 1-62 所示对话框，最长可以录制 60 秒的视频。

图 1-61　选择 Record Project Video 命令　　　　　**图 1-62　录制选项**

单击 More Options，可以看到更多选项，如图 1-63 所示，可以根据自身需要进行选择。

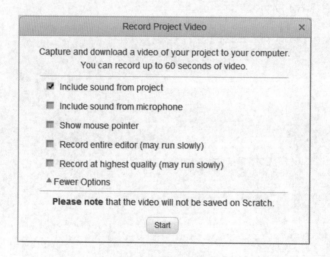

图 1-63　更多选项

单击 Start 按钮，Scratch 会在 3 秒后开始录制，单击绿旗执行程序，动画便会被录制下来。舞台下方会显示录制时间，单击左侧的停止按钮■停止录制。录制进度条如图 1-64 所示。

图 1-64　舞台下方的录制进度条

录制结束后会弹出图 1-65 所示的对话框，单击 Save and Download 按钮，可以将视频以 flv 格式保存到计算机中。

图1-65　录制完成后保存

回顾总结

（1）绘图模式有位图模式和矢量图模式两种，在矢量图模式中可以方便地调节图形的形状。

（2）坐标是描述位置的重要方式，在 Scratch 中可以通过 x 坐标和 y 坐标确定角色在舞台上的位置。

自主探究

制作动画《眨眼的熊猫》

绘制一个熊猫头像角色，执行程序时熊猫眨眼睛，并从舞台的左边往右边移动。

图1-66　会眨眼的熊猫

第 2 章
基本图形

那些简单的几何图形，

不仅仅出现在数学书里，

更广泛地存在于大自然中，

你可曾留意过精致的蜂巢，

还有雨后那道

靓丽的彩虹。

第1节 绘制正多边形

正多边形所有的角都相等，并且所有的边都相等，是一种基本的几何形状。正多边形属于简单多边形，简单多边形是指在任何位置都不与自身相交的多边形。

项目描述

这一节将通过编程，绘制任意边数的正多边形，图 2-1 所示为通过编程绘制的正六边形。

图 2-1 "绘制正多边形"项目效果

编程思路

正多边形是由长度相等的线段围成的，每绘制完一条线段，都需要调整方向，之后再绘制下一条。

35

程序设计

1. 绘制正方形

Scratch 中的画笔类积木为 Scratch 提供了与画图相关的功能，角色在舞台上移动的同时，可以用画笔在舞台上画出移动轨迹。我们可以先编写一个简单的程序脚本来看一看效果，如图 2-2 所示。

当单击绿旗时，小猫向前移动了 100 步，同时在舞台上画出了一条蓝色的运动轨迹，如图 2-3 所示。

图 2-2 绘制直线程序

图 2-3 直线绘制效果

原来，这就如同角色手握一只画笔，加入落笔积木块 落笔 之后，角色就可以根据程序脚本的命令在舞台上绘制图形。

既然能够轻易绘制一条直线，那么绘制正方形当然不在话下。为了更好地演示角色面向的方向，我们选择角色 Ladybug1，这是一只可爱的小瓢虫。

图 2-4 所示，只需让角色移动一段距离之后，向右旋转 90°，再移动一段相同的距离，向右旋转 90°，以此类推，正方形有 4 条边，让角色移动、旋转 4 次，就可以绘制一个完美的正方形了。

这段程序简直是简单得不能再简单了，甚至有一点无聊。编写这段脚本的技巧在于巧用"复制"命令，这样可以提高效率，如图 2-5 所示，右击，再选择快捷菜单中的"复制"命令试试吧！

绘制正方形的完整程序如图 2-6 所示。

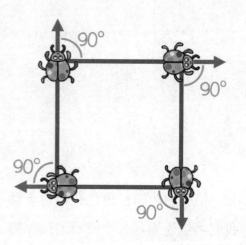

图 2-4　绘制正方形分析图　　　图 2-5　复制程序　　　图 2-6　绘制正方形程序

可以单击 清空 积木，将之前留在舞台上的画笔痕迹清理得干干净净。现在睁大眼睛，全神贯注，紧盯舞台，单击绿旗，你会惊讶于程序执行的速度，一个标标准准的正方形瞬间绘制完成，如图 2-7 所示。

第一次通过编写程序绘制了一个几何图形，确实值得庆贺。可是为什么会说这段绘制正方形的程序简单无聊呢？因为它太重复。正如前面所说，计算机最擅长做

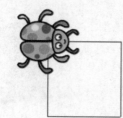

图 2-7　正方形的绘制效果

重复的事情，干嘛不把这件事情交给计算机完成呢？

还记得吗？积木可以让程序一直重复执行。这一次，我们在控制类积木中找到 积木，这个积木可以用来控制程序执行的次数。

要想画一个正方形，只需要将重复执行的次数改成 4 就可以了。我们可以在正式绘制前，加上 清空 积木，如图 2-8 所示，这样就避免了每次绘制前都要手动清空舞台的麻烦。

图 2-8 绘制正方形完整程序

这样的程序更加简洁、清晰，实现的效果与刚才一模一样。

2. 绘制正五边形

在刚刚的程序上稍作修改就可以绘制正五边形。正五边形有几条边呢？当然是 5 条啦！所以重复执行的次数应该改成 5 次！移动的步数决定了边长的长度，在这里对程序就不作修改了。绘制效果如图 2-9 所示，旋转度数的数据应该是多少呢？我们一起来分析一下。

话说，任意多边形的外角和是 360°，无论是三角形还是三十边形，它们的外角和都是 360°。那么正五边形的外角和是多少呢？当然是 360° 啦！

什么是外角？图 2-10 所标注的角都是外角，所有的外角度数相加是 360°。正多边形的每一个外角度数是相等的，对于正五边形来说，每一个外角的度数是 360° ÷ 5=72°。

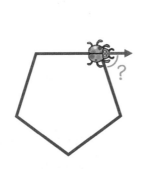

图 2-9 绘制正五边形分析图

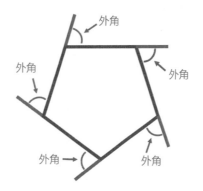

图 2-10 多边形的外角

那么，角色每移动 100 步，向右旋转 72° 即可，如图 2-11 所示。

因此绘制正五边形的完整程序如图 2-12 所示。

小瓢虫依然很快地画出了一个标准的正五边形，如图 2-13 所示。

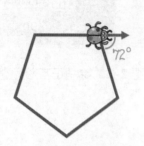

图 2-11　绘制完正五边形的一条边　　图 2-12　绘制正五边形的　　图 2-13　正五边形的最终
　　　　　之后旋转 72°　　　　　　　　　　完整程序　　　　　　　　　绘制效果

3. 绘制任意正多边形

你肯定在心里盘算着绘制出各种不同的正多边形，程序依旧类似，最需要我们注意的是旋转的角度。

比如，正三角形，它的每一个外角是 360°÷3=120°，那么角色每移动一段相同的距离需要旋转 120°，绘制正三角形的程序如图 2-14 所示。

绘制出的正三角形效果如图 2-15 所示。

图 2-14　绘制正三角形的程序　　　　　　　图 2-15　正三角形的绘制效果

而正十二边形，它的每一个外角是 360°÷12=30°，那么角色每移动一段相同的距离需要旋转 30°。如果这时还是坚持让这个正十二边形的边长是 100，将会绘制出一个奇怪的图形，如图 2-16 所示，那是因为舞台的边缘阻挡了角色的运动，改变了它正常的运动轨迹。

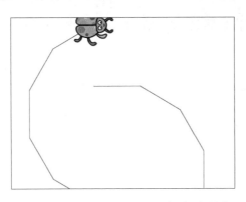

图 2-16 舞台边缘阻挡了角色的绘制

解决这一问题的办法是适当减小边长，也就是每次移动的距离，并调整角色在舞台上的初始位置。更改后的程序如图 2-17 所示。

这样便可以成功绘制一个正十二边形，如图 2-18 所示。

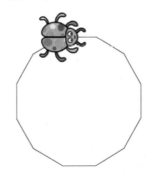

图 2-17 减小边长后绘制正十二边形的完整程序　　图 2-18 减小边长后正十二边形的绘制效果

如果运用运算符类积木块，甚至可以省去烦琐的旋转角度的计算，让计算机帮我们完成，在运算符类积木块中找到除法运算积木块。比如，要绘制一个正七边形，那么向右旋转的度数是 360 / 7。

绘制正七边形的完整程序脚本如图 2-19 所示。

程序的执行效果如图 2-20 所示。

图 2-19 运用了除法运算积木块绘制正七边形的程序　　图 2-20 正七边形的绘制效果

这样，我们便可以随心所欲地绘制自己所需要的任意正多边形了。

回顾总结

（1）巧用复制，可以提高编程效率。

（2）重复的事情与烦琐的数学计算，尽管交给计算机去完成。

自主探究

1. 增加多边形的边数

增加多边形的边数后你有什么发现（图2-21）？

2. 绘制五角星

我们已经学会了绘制任意边数的简单正多边形，根据简单正多边形的定义，五角星不属于简单正多边形（图2-22），研究一下，怎么绘制正五角星呢？

图 2-21　边数不同的正多边形　　　　图 2-22　正五角星

第2节　让绘制变得简单

通过上一节的学习，我们已经能够绘制自己想要的任意边数的简单正多边形了。但是，每绘制一种形状，都需要在程序中相应的位置更改重复执行的次数、移动步数、旋转的角度，这样仍然不够简单，如果一个陌生人拿到这样一段程序，他需要经过认真的分析才能读懂程序的含义，因为这样的程序本身可读性不强，既不便于使用，也不便于交流。

项目描述

新建专用于绘制正多边形的模块，以便在绘制时直接调用，如图 2-23 所示。

图 2-23 "让绘制变得简单"项目程序

编程思路

通过使用 Scratch "更多模块"中的"新建功能块"功能，新建一个专用于绘制正多边形的模块，在绘制某一项目时直接调用即可。

程序设计

1. 让程序简洁明了

上一节所编制的程序就够简洁了，你知道图 2-24 中的这个程序是干什么的吗？经过了 3 秒的分析可以发现，这是一个绘制正方形的程序。

可是，为什么要分析 3 秒呢？原因很简单，我们的程序还是不够简洁、明了，可读性还不够强。

还能再简洁一点吗？当然可以。我们在"更多模块"中找到"新建功能块"，如图 2-25 所示。

图 2-24 一个绘图程序

图 2-25 更多模块

单击"新建功能块"按钮，可以看到一个创建新模块的窗口，如图 2-26 所示。

我们可以创建一个专门用来绘制正方形的模块，给这个模块起一个名字，就叫作"绘制正方形"吧，如图 2-27 所示。

41

图 2-26　新建功能块　　　　　图 2-27　给新建功能块命名

单击"确定"按钮后，在"更多模块"中便会出现刚刚新建的绘制正方形的模块，如图 2-28 所示。

现在这个模块还没有任何功能，如图 2-29 所示，不过可以在脚本区域来定义它的功能。

图 2-28　已经新建好的功能块　　　　图 2-29　需要定义的功能块

它的功能当然是绘制正方形。我们在下面编写绘制正方形的程序就可以了，在绘制之前落笔，绘制完之后就将笔抬起来，所以加入了 抬笔 模块，如图 2-30 所示。

定义了功能的自定义模块才能体现它的价值，现在绘制正方形就简单多了，只需调用即可，看看图 2-31 中的程序。

图 2-30　定义功能块　　　　图 2-31　调用自定义的功能块

这就奇怪了，明明把一个简单的事情变得更复杂了，为什么还说这样简洁、明了呢？

对于绘制正方形这样一个简单的任务来说，这样编写程序确实有些复杂了，但是如果要绘制更多的正方形呢？如图 2-32 所示，舞台上绘制了 3 个正方形。

图 2-33 所示的程序就要简洁得多，而且别人一看就能明白。

若是写成图 2-34 这样，却很让人难以接受，不就是画了 3 个正方形嘛！若是要画 10 个正方形，那该如何是好？

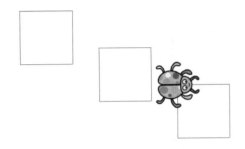

图 2-32 在舞台上绘制的 3 个正方形

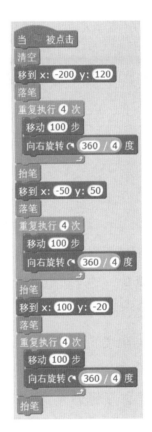

图 2-33 使用自定义功能块绘制 3 个
正方形的程序

图 2-34 不使用自定义功能块绘制 3 个
正方形的程序

所以，通过这样一个例子，应该认识到自定义模块的重要性，今后我们可以把常用的程序包装成自定义模块，需要的时候就可以随时调用。

2. 绘制正方形的专家

不知各位有没有发现，我们刚刚新建的用来绘制正方形的模块功能还不够强

43

大，为什么这么说呢？因为很难改变所画正方形的大小，它只能呆板地绘制边长是 100 的正方形。如果我想画边长是 60 的正方形，或者想随时改变正方形的大小，那又怎么办呢？

这时，就需要用到自定义模块中的参数。

带参数的自定义模块

单击"选项"前面的倒三角按钮，可以在这里为我们的自定义模块添加不同的参数。

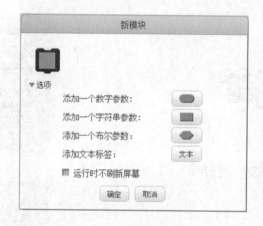

如果不明白什么是参数，看看积木 移动 10 步 ，在这个积木中，移动的步数是可以自由改变的，这里就相当于使用了一个参数。你会发现，参数是一个可以自由输入数据的地方。

我们发现之前新建的模块 绘制正方形 无法方便地改变正方形的大小，要是自定义一个模块是"绘制一个边长是_____的正方形"就好了，这样就可以随心所欲地改变正方形的大小了。

Scratch 中提供了 3 种类型的参数，分别是数字参数、字符串参数、布尔参数。

数字参数：允许我们输入数字，比如 100、60 等数字。

字符串参数：允许我们输入"Hello"或者"你好"等文字。

布尔参数：只允许我们输入"真"或"假"，也就是"是"或"否"，这里的"是""否""真""假"并不是指汉字的"是""否""真""假"，而是逻辑层面的正确与错误，比如 1 < 2 的结果就是"真""是"，而 3 = 4 的结果就是"假""否"。

除了 3 种类型的参数，还有一个文本标签，这里还是以 移动 10 步 积木为例，"移动"

和"步"就是文本。我们可以通过文本标签为自定义模块添加简明扼要的说明文字，用作必要的描述。

关于下方的"运行时不刷新屏幕"我们以后再研究。

我们希望改变正方形的边长，边长是一个数字，所以这里需要使用数字参数。数字参数配合文本标签就可以新建一个图2-35这样的模块。

为了在使用时便于区分，一目了然，将数字参数的名称number1修改成能表示其含义的英文名length，即长度，如图2-36所示。

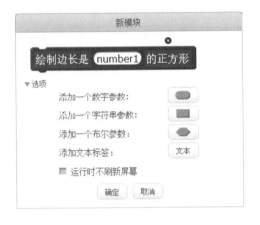

图2-35　新建带参数的绘制正方形模块

图2-36　更改参数名

新建了模块之后，需要在脚本区域对模块的功能进行定义，正方形的边长是 length ，所以每次移动的步数是 length 。要使用参数 length 时，只需拖动即可，如图2-37所示。

现在，我们的自定义模块就可以使用了。虽然边长默认值是1，如图2-38所示，但是可以根据需要随时进行更改。

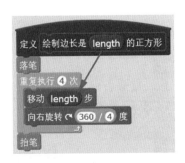

图2-37　拖动参数即可使用

绘制边长是 **1** 的正方形

图2-38　带参数的绘制正方形模块

这样，就可以方便地实现更多的效果。比如，要绘制 4 个大小不同的正方形，程序如图 2-39 所示。

执行效果如图 2-40 所示。

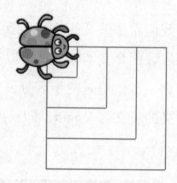

图 2-39　绘制 4 个大小不同正方形的完整程序　　　　图 2-40　绘制效果

3. 绘制任意正多边形

我们已经可以轻而易举地绘制任意大小的正方形了，那能否绘制任意大小的正多边形呢？

这里有两个值是不确定的：一个是正多边形的大小，也就是边长；另一个是正多边形的边数。也就是说，我们需要使用两个参数。这里要注意文本标签的配合，让模块名称读起来顺畅，如图 2-41 所示。

有 n 条边，当然需要重复执行 n 次；边长是 length，当然每次移动 length 步；向右旋转的角度，也就是外角的度数，当然是 $360/n$。自定义模块的程序如图 2-42 所示。

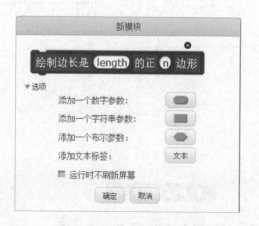

图 2-41　新建绘制任意边数正多边形的模块　　图 2-42　定义绘制任意边数的正多边形的模块

这样，一个绘制任意大小的正多边形的模块就定义好了，图 2-43 所示的程序是为了绘制一个边长是 80 的正六边形。

绘制的正六边形如图 2-44 所示。

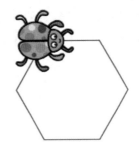

图 2-43 绘制正六边形的程序　　　　　图 2-44 正六边形的绘制效果

回顾总结

（1）反复用到的功能可以包装成模块，需要使用时直接调用即可。

（2）巧用参数，可以让自定义模块更加灵活。

47

自主探究

1. 绘制一排方格

绘制如图 2-45 所示的方格。

2. 绘制图案

你能绘制图 2-46 所示的图案吗？

3. 绘制图案"蜂巢"

蜂巢如图 2-47 所示。

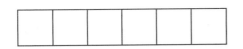

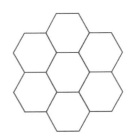

图 2-45 一排方格　　　　图 2-46 图案　　　　图 2-47 蜂巢

第3节　圆　与　圆　弧

　　圆是一个简单而又奇妙的形状，古人或许是从太阳或十五的月亮身上得到圆的概念。约在 6000 年前，美索不达米亚人做出了世界上第一个轮子——圆形的木盘。大约在 4000 年前，人们将圆的木盘固定在木架下，就有了最初的车子。这样看来，人类对圆形的运用直接推动了社会的进步。

项目描述

　　通过 Scratch 软件编程绘制圆形与圆弧。绘制的圆形效果如图 2-48 所示。

图 2-48　"圆与圆弧"项目效果

编程思路

　　（1）运用绘制正多边形带给我们的启示绘制圆形。

　　（2）绘制一个不完整的圆便成了圆弧。

程序设计

1. 从多边形到圆

　　通过本章前面两节的学习，不知你是否发现，正多边形与圆形之间存在着某种神秘的联系，请观察图 2-49。

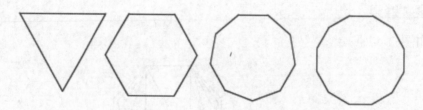

图 2-49　边数逐渐增加的多边形

　　图 2-49 分别是正三角形、正六边形、正九边形、正十二边形，你发现了吗，边数越多，多边形就越趋近于圆形。

图 2-50 所示是一个边长是 25 的正二十四边形。

图 2-51 中的图形是圆形吗？不！准确地说，它是一个边长是 4 的正一百八十边形，可是我们已经看不出边与棱角了，不是圆形，近似圆形。

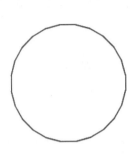 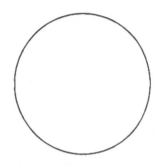

图 2-50 边长为 25 的正二十四边形　　图 2-51 边长为 4 的正一百八十边形

这就意味着，可以用画多边形的模块来画圆形，只要让边长足够小、边数足够多即可。

对于 绘制边长是 ● 的正 ● 边形 模块来说，哪一个参数决定了最终所绘制的圆形的大小呢？首先来研究一下多边形边数对大小的影响，我们让边长足够小，如边长是 1。

分别绘制一个边长是 1 的正一百八十边形和一个边长是 1 的正三百六十边形，如图 2-52 所示。

我们发现在边长一定的情况下，边数越多，所画的"圆"越大。

然后控制多边形的边数，让边数足够多，如边数是 180。此时改变边长，观察边长对"圆"大小的影响。

分别绘制一个边长是 1 的正一百八十边形和一个边长是 2 的正一百八十边形，如图 2-53 所示。

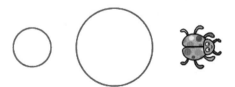 

图 2-52 边长均为 1 的正一百八十边形　　图 2-53 边长分别为 1 和 2 的
　　　　 与正三百六十边形　　　　　　　　　　　　正一百八十边形

49

我们发现在边数一定的情况下，边长越长，所画的"圆"越大。

2. 绘制圆形的模块

不错，我们可以用自定义的模块 绘制边长是●的正●边形 来绘制圆形，但这毕竟不是专门用来绘制圆形的模块，对于圆形来说也不存在"边"与"边长"的说法。那么，能否自定义一个专门用来绘制圆形的模块呢？

在绘制圆形时，只需要有一个参数来控制圆形的大小就可以了，这个参数既可以是所谓的"边长"，也可以是所谓的"边数"。所以，新建绘制圆形的自定义模块时就有两种方案。

方案一：固定"边长"，由"边数"控制圆的大小。

新建绘制圆形的功能块，如图 2-54 所示，那么参数 size 就相当于之前多边形的边数 n。

在定义模块功能时，只需将移动步数的值固定下来即可。不知读者朋友在之前的试验中是否发现，移动步数值固定得越小，绘制的速度就越慢，但是绘制的精度就越高，这里在绘制速度与精度上进行平衡，选择移动步数为 4，程序如图 2-55 所示。

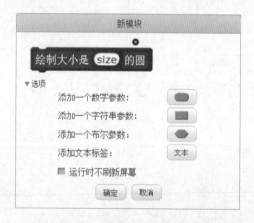

图 2-54　新建绘制圆形的功能块　　图 2-55　定义通过固定步数绘制圆形的功能块

方案二：固定"边数"，由"边长"控制圆的大小。

新建绘制圆形的功能块，如图 2-56 所示，那么参数 size 就相当于之前多边形的边长 length。

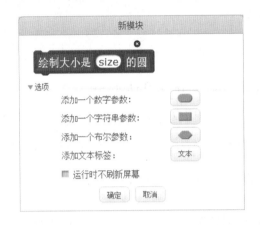

图 2-56　新建绘制圆形的功能块

在定义模块功能时，只需将"边数"的值固定下来即可。"边数"的值固定得越大，绘制的速度就越慢，但是绘制的精度就越高，这里在绘制速度与精度上进行平衡，将"边数"值固定为 180。向右旋转的度数值 2，是由 `360 / 180` 计算出来的。程序如图 2-57 所示。

现在，已经拥有了自己绘制圆形的模块，这两种模块在最终的绘制效果上有没有细微差别呢？大家可以自己分析研究一下。

3. 从圆到圆弧

圆的一部分就是圆弧。如果绘制一个不完整的圆，那就成了一段圆弧，如图 2-58 所示。

图 2-57　定义通过固定边数绘制圆形的功能块　　　图 2-58　一段圆弧

下面新建一个 `绘制大小是 size 的 n 分之一圆弧` 的模块。

绘制圆的方案有两种，那么相应地，绘制圆弧的方案也有两种。只需在绘制圆形的模块上面稍加改动即可。

51

方案一：由"边数"控制圆的大小的圆弧。与绘制圆形唯一的不同便是，在绘制圆弧时不再需要绘制完所有的"边数"，只需要绘制 n 分之一的边数就可以了，所以重复执行 size / n 次，程序如图 2-59 所示。

方案二：由"边长"控制圆大小的圆弧。与绘制圆形唯一的不同便是，在绘制圆弧时不再需要绘制完所有的"边数"，只需要绘制 n 分之一的边数就可以了，所以重复执行 180 / n 次，程序如图 2-60 所示。

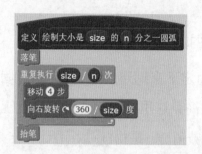 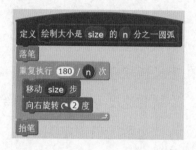

图 2-59 定义通过"边数"控制大小的圆弧　　图 2-60 定义通过"边长"控制大小的圆弧

在绘制圆弧时，配合 面向 90° 方向 积木，可以改变圆弧的朝向。除了可以选择上、下、左、右 4 个朝向外，还可以手动输入方向数值，采用方案一绘制四分之一圆弧的程序如图 2-61 所示。

大小是 200 的四分之一圆弧的最终绘制效果如图 2-62 所示。

 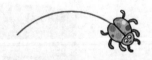

图 2-61 绘制大小是 200 的四分之一圆弧的程序　　图 2-62 绘制大小是 200 的四分之一圆弧效果

回顾总结

（1）多边形的边长越短，边数越多，就越趋近于圆。

（2）圆弧是圆的一部分。

52

自主探究

1. 绘制奥运五环

奥运五环如图 2-63 所示。

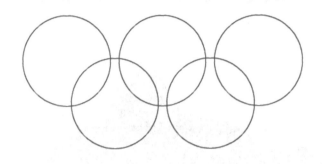

图 2-63　奥运五环

2. 绘制四分之三圆弧

四分之三圆弧如图 2-64 所示。

3. 绘制圆角矩形

圆角矩形如图 2-65 所示。

4. 绘制笑脸

笑脸如图 2-66 所示。

图 2-64　四分之三圆弧　　　　图 2-65　圆角矩形　　　　图 2-66　笑脸

第3章
旋转之美

也许你并未意识到，
我们身边诸多美丽的事物
都与旋转有关。
看看那些让你赏心悦目的花朵，
再看看构成一朵花的
每一片花瓣。

第1节 彩色竹篮

竹篮就是用竹子编制而成的篮子，用以盛装物品，既美观又环保。唐代诗人白居易在《放鱼》一诗中写道："晓日提竹篮，家僮买春蔬。"描绘了清晨诗人与奴仆提着竹篮买回新鲜蔬菜的场景。竹篮编织是一项传统的手工技艺，在 Scratch 中，我们可以通过绘图来模拟竹篮的形状。

项目描述

我们已经学会了如何绘制规则的几何形状，这一节将通过不断调整角色的出发方向绘制多个基本几何形状，最终呈现出如同编制竹篮般的图案，并通过改变画笔的颜色形成彩色竹篮的美丽效果，如图 3-1 所示。

图 3-1 "彩色竹篮"项目效果

55

编程思路

（1）首先绘制基本图形。为了让程序简洁清晰，可以通过新建自定义功能块的方式绘制基本图形。

（2）将角色每旋转一个角度绘制一个基本图形，这样绘制一周。

（3）改变画笔颜色，形成彩色竹篮效果。

程序设计

1. 基本图形

我们可以用任意的多边形作为基本图形，无论是三角形、正方形还是五边形、六边形，如图 3-2 所示，甚至你能想到的其他边数的正多边形，只要你喜欢都可以作为我们使用的基本图形。

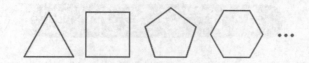

图 3-2　不同边数的正多边形

如果你想看一看使用不同的基本图形所产生的最终效果有什么不同，那么是否需要编写许多的程序脚本来实现呢？表面上看，你需要编写绘制三角形的脚本、绘制正方形的脚本、绘制五边形和六边形的脚本等，这么一大堆的脚本，想想都觉得可怕。幸好我们学过如何新建功能块，还记得吗？

首先来新建一个绘制正多边形的模块，如图 3-3 所示，如果你已经忘记了可以回到第 2 章再看一看。这里 size 是正多边形的边长，n 是正多边形的边数。使用"新建功能块"可以极大地提高绘图效率。

绘制需要做一些初始化的设置，如图 3-4 所示。初始化的脚本要求角色在绘制之前要面向右边，从舞台的中心开始绘制，将画笔的大小设定为 2，以及每次开始绘制之前先将舞台的画笔痕迹清空。

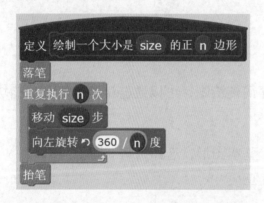

图 3-3　定义绘制正多边形的模块　　　　图 3-4　绘制前的初始化设置

为了方便讲解，这里使用正方形作为基本图形，我们在舞台上绘制一个边长是 80 步的正方形，绘制正方形的程序如图 3-5 所示。

正方形的最终绘制效果如图 3-6 所示。

如果你对使用正方形作为基本图形不是太满意，也可以轻松修改，让它变成你喜欢的任意边数的正多边形，你仅仅需要改一改"新建功能块"中参数的值而已。

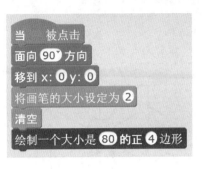

图 3-5　绘制正方形程序

图 3-6　边长为 80 步的正方形

2. 旋转一下

接下来需要让角色旋转一个角度。再次绘制一个基本图形，程序如图 3-7 所示，我们让它旋转 30° 之后再绘制一个一模一样的正方形。

形成图 3-8 所示的效果。

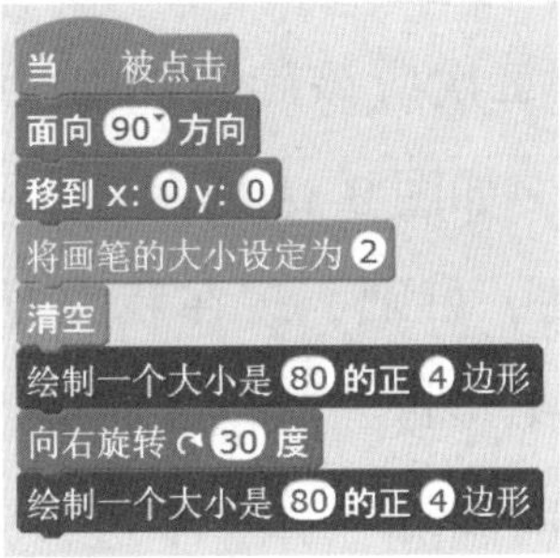

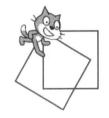

图 3-7　角色旋转 30° 之后绘制第二个正方形的程序

图 3-8　绘制完成的两个正方形

3. 画满一周

我们希望这样的正方形能够画满一周，首先想到的方法是让角色绘制一个正方形后，旋转 30°；再绘制一个正方形，再旋转 30°；接着绘制正方形，旋转 30°……现在问题来了，程序要是这样写下去，要写到什么时候啊？

对了，我们可以使用循环语句，计算机最擅长做的事情就是重复了。但问题是"绘制正方形，旋转 30°"这样的命令应该重复执行多少次呢？

我们知道一周是 360°，每次旋转 30°，旋转一周需要多少次呢？这仅仅是一个简单的除法问题，我们用 360 除以 30 得到 12，12 便是需要重复执行的次数。因此，绘制一周正方形的程序如图 3-9 所示。

执行图 3-9 所示的程序，绘制出图 3-10 所示的效果。

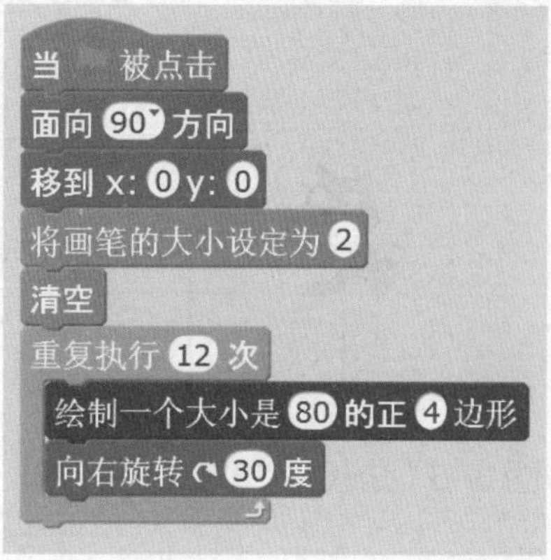

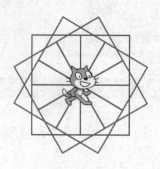

图 3-9　绘制满一周正方形的程序　　　　图 3-10　绘制满一周正方形的效果

图 3-10 便是由 12 个作为基本图形的正方形所组成的。反过来，如果我们希望一周由 18 个基本图形构成，毫无疑问，这样的基本图形应该重复绘制 18 次，也就是重复执行的次数应该是 18。请问，我们在绘制完成一个基本图形之后应该旋转多少度呢？对，用除法！一周 360° 除以 18 次，每次应该旋转 20°。因此需要将重复执行的次数改成 18，向右旋转的角度改成 20°，如图 3-11 所示。

我相信你已经清楚地了解了这个简单的办法，好吧，现在我需要一周 25 个正方形！没错，重复执行 25 次，那每次应该旋转多少度？除法，没错，可是 360 除以 25 的得数究竟是多少呢？呃……这个得花点时间算一算。不过，为何不利用计算机强大的计算功能呢？做这么简单的计算肯定不在话下。我们使用运算符里的除法运算积木，部分程序如图 3-12 所示。

图 3-11　绘制一周 18 个正方形的部分程序　图 3-12　运用运算符模块计算旋转度数的部分程序

现在你可以通过修改数据来绘制不同数量的基本图形，不过你需要修改两处数据，如图 3-13 所示。

同样的数据出现几次，就得修改几次，这样显得十分麻烦，怎样改进我们的程序脚本呢？这时，就需要用到变量。

修改这两处数据来改变一周
所具有的基本图形的个数

图3-13 修改两处数据可改变一周基本图形的个数

变 量

变量就如同一个盒子，这个盒子不能用来装你的糖果，却可以用来装你所拥有的糖果数量。也就是说，变量是一个用来装数据的虚拟的"盒子"。

我们必须给这个盒子起一个名字，这样才能方便地知道这个盒子到底是用来装什么的，"盒子"的名字叫作"**变量名**"。在给变量命名时一定要简洁、清晰、明了，让人一看到名字就知道这个变量是用来储存什么数据的。比如，你命名一个叫作 temperature（温度）的变量用来储存温度数据，或者命名一个叫作 scores（分数）的变量用来储存游戏得分。当然在 Scratch 中，变量的名称也可以是中文。

根据变量的作用范围，可以将变量分为**全局变量**和**局部变量**。

我们在"新建功能块"中使用的参数实际上就是变量，因为这样的变量只能在新建功能块的内部使用，所以称为局部变量。

在 Scratch 的数据模块中创建变量时，如果选择"适用于所有角色"，则会创建一个所有角色都可以直接使用的全局变量，如果选择"仅适用于当前角色"，则会创建一个只有当前角色才可以直接使用的局部变量。

59

在新建功能块时，有多种参数类型可供选择，那么在数据模块中新建的变量能不能设置数据类型呢？其实，在 Scratch 中，我们新建变量的数据类型是无须设置的，只需要将要储存的数据直接放入这个神奇的盒子，也就是直接对变量进行赋值，Scratch 就会对数据类型自动进行判断。

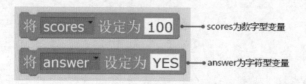

一个变量中只能储存一个数据，新的数据进来，旧的数据将会丢失。比如下面这段脚本，先将 answer 的值设定为"YES"，再将 answer 的值设定为"GREAT"，执行完这两段脚本之后，answer 的值是"GREAT"，而不会是"YES"与"GREAT"两个值。

再如你现在的得分 scores 是 100，当你再得 1 分，scores 加上 1 之后，scores 的值就变成了 101。

当我们在程序中需要使用变量中的数据的时候，只需要告诉计算机变量名就可以了，计算机会根据变量名找到其中的数据！如：

学会了使用变量，就来尝试解决刚刚所遇到的问题吧。基本图形的个数是一个常被使用又常被改变的量，我们可以新建一个变量，变量名为 n，专门用来储存"基本图形个数"这一数据。

有 n 个基本图形，就得重复执行 n 次，每次就需要旋转 $360/n$ 度，程序如图 3-14 所示。用变量 n 进行替换之后，只需要改变 n 的值就可以看到不同数量的基本图形所带来的不同视觉效果了。

设定变量 n 的值为 50，执行程序绘制的图案效果如图 3-15 所示。

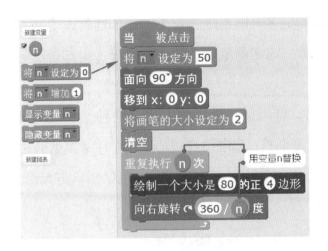

图 3-14 用变量 n 储存基本图形的个数

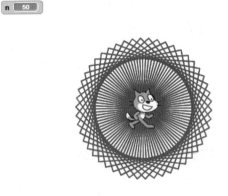

图 3-15 将 n 设置为 50 时绘制的效果

4. 改变颜色

刚刚绘制的图案虽美，但色彩单一，未免单调。只需调整一下画笔的颜色，这个问题便可轻而易举地解决。

在画笔模块中找到积木 将画笔颜色增加 10 ，将这一积木放置在我们新建的绘制正多边形模块中的适当位置，便可画出彩色的图案了。

试 一 试

"将画笔颜色增加"积木的放置位置至少有以下两种，试一试，以下两种不同的放置位置会产生怎样不同的效果，并分析一下造成效果差异的原因。

61

试一试，改变每次画笔颜色增加的值，又会产生怎样的效果呢？

5. 加速模式

或许你希望不断尝试更改数据以看到更多可能出现的效果，比如通过改变基本形状的边长、边数，改变基本形状的个数，改变画笔颜色的变化值等，但却苦于等待 Scratch 中角色缓慢的绘制过程。

有一个好的办法是：启用加速模式。启用加速模式的方法有两种。一种是可以在编辑菜单栏中勾选上"加速模式"复选框，如图 3-16 所示，这时绿旗的旁边会显示"加速模式"字样。另一种方法是，在按下 Shift 键的同时用鼠标单击绿旗，可以在加速模式与普通模式之间切换。

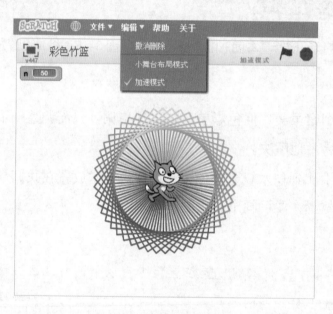

图 3-16　启用加速模式

在加速模式状态下，一些积木的执行时间将会大大缩短，可以让你很快就能看到试验结果，试试把基本图形从正方形换成其他图形吧！

当你在加速模式状态下找到了自己喜欢的图案效果时，你可以将舞台染成黑色，隐藏角色，去掉变量前的勾选隐藏变量，此时一个干净的舞台呈现在你眼前。这时，由加速模式切换到普通模式，打开演示模式，来点舒缓的音乐，单击绿旗，欣赏由程序一笔笔勾勒出来的美吧！图 3-17 是在演示模式下的显示效果。

图 3-17 演示模式下的绘制效果

回顾总结

（1）多个基本图形的旋转组合可以呈现更加丰富的图案。

（2）常用又常更改的数据可以储存在变量中。

（3）更改画笔的颜色值可以丰富图案的色彩。

（4）加速模式可以加快程序的执行速度。

自主探究

绘制下列图案

（1）绘制如图 3-18 所示的图案。

（2）绘制如图 3-19 所示的图案。

  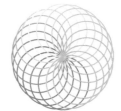

图 3-18 各种图案 图 3-19 图案

63

第2节 绚丽花朵

古往今来，无数的文人墨客寄情于花，"采菊东篱下，悠然见南山""去年今日此门中，人面桃花相映红""荷叶罗裙一色裁，芙蓉向脸两边开"，借花言情的诗词数不胜数，花虽不语，朵朵含情。这一节我们将通过 Scratch 绘制出绚丽的花朵。

项目描述

这一节我们将在上一节所学内容的基础上，把作为基本图形的正多边形换成由弧线构成的图形——花瓣，再绘制出花朵图案，并给花朵添加上渐变填充的效果，花瓣的个数可以很方便地更改。效果如图 3-20 所示。

图 3-20 "绚丽花朵"项目效果

编程思路

（1）绘制基本图形。为了让程序简洁、清晰，可以通过新建自定义功能块的方式绘制基本图形。

（2）将角色每旋转一个角度绘制一个基本图形，这样绘制一周，形成花朵轮廓。

（3）每画完一周，更改花瓣大小与画笔颜色，再画一周，重复绘制直到花朵填满颜色，形成渐变填充的效果。

程序设计

1. 一段弧线

首先来分析花朵的基本图形，一朵花由很多花瓣组成，花瓣的形状绝不是生硬的多边形，而是由有一定弧度的曲线构成。可以考虑使用圆弧，所以需要新建一个绘制圆弧的功能模块，如图 3-21 所示。

调用绘制圆弧的模块，以绘制一段四分之一圆弧，程序如图 3-22 所示。

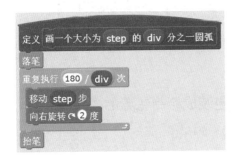

图 3-21 定义绘制圆弧的模块

图 3-22 调用绘制圆弧模块绘制一段四分之一圆弧

为了便于区分方向，这次选用 Ladybug1 这个角色，先来看看绘制圆弧的效果，如图 3-23 所示。

绘制圆弧成功，接下来就用这样美丽的圆弧构成一片花瓣。

2. 一片花瓣

也许你已经想象出了无数种形状各异的花瓣，我会赞赏你丰富的想象力，同时会提醒你赶紧将想到的形状画在纸上，这次我们学着画最基础的花瓣形状，当你掌握了使用程序绘制简单花瓣的方法后，一定记得把你现在想到的花瓣形状用 Scratch 编程画出来。

图 3-23 绘制完成的四分之一圆弧

来看看图 3-24 所示的这个很简单的花瓣形状吧，建议你先自己尝试编写程序，再看下文的分析。

这片花瓣由两段四分之一圆弧构成，绘制完第一段圆弧之后，角色的方向朝下；它需要向右旋转 90°，绘制第二段圆弧；绘制完第二段圆弧之后，角色方向朝上；再向右旋转 90° 就可以回到绘制这一片花瓣前的初始方向。绘制花瓣的部分程序如图 3-25 所示。

图 3-24　两段四分之一圆弧组成的花瓣形状　　　　图 3-25　绘制花瓣的程序

显然，图 3-25 中的程序可以使用"重复执行次"积木块进行精简，如图 3-26 所示。

程序虽然精简了，但还是不够直观，何不将它包装成绘制花瓣的模块呢？我们添加一个参数 size 以方便改变花瓣的大小，如图 3-27 所示。

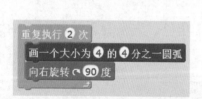

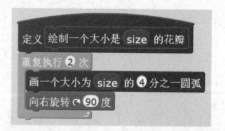

图 3-26　精简后绘制的花瓣程序　　　　图 3-27　定义绘制花瓣的功能块

这样看来，绘制花瓣就是一句话的事情了。赶紧试一试吧！

3. 花朵盛开

现在是时候让花瓣组成花朵了，问题是这朵花有几片花瓣呢？四瓣？六瓣？或许你还想尝试画一画 24 瓣花的效果。看来花瓣的数量是一个常用又经常改变的量，干脆我们新建一个变量 n 来储存花瓣数量吧。

接下来只需要画 n 个花瓣，每画一个花瓣旋转 $360/n$ 度就可以了。看看图 3-28 中的程序脚本，是不是与画竹篮的程序有些相似呢？

图 3-28　绘制一周有 n 个花瓣的部分程序

当然，如果你愿意的话，也可以把这段程序包装成专门用来绘制花朵的功能模块。

是不是迫不及待地想画出花朵了呢？等一等，先别急着去设置变量 n 的值。这一次我们不在程序中设定 n 的值，而是要使用功能强大的变量值显示器。

<h3 align="center">变量值显示器</h3>

当变量前的复选框处于勾选状态时，在舞台上会显示与该变量相对应的变量值显示器。

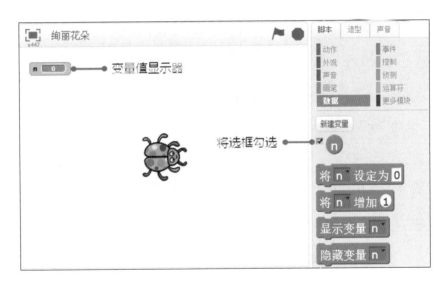

在变量值显示器上右击会出现快捷菜单。

通过菜单，我们发现变量值显示器的显示模式有 3 种，分别是"正常显示""大屏幕显示"和"滑杆"。告诉大家一个小技巧，除了通过右键菜单选择显示模式，

还可以直接在变量值显示器上双击切换为显示模式。下面就对这 3 种显示模式进行比较。

默认状态下为"正常显示"，显示变量名和变量中的数据。

"大屏幕显示"模式下，只显示变量中的数据。

"滑杆"模式下，除了显示变量名和变量中的数据外，还会显示一根滑杆，拖动滑杆上的滑块，可以看到变量中的数据在发生变化。当滑块在最左边时，变量值为 0，逐渐向右拖动滑块，变量值逐渐变大。当拖动到最右边时，变量值为 100。我们可以通过拖动滑杆轻松快速地改变变量的值。

那么现在问题来了，拖动滑块时变量值的变化范围是 0~100，如果需要的变量值是 –1 怎么办？

呵呵，这样只需要在"滑杆"模式下右击变量值显示器，你会惊奇地发现——原来可以设置最小值和最大值啊！

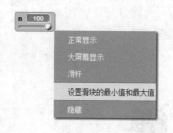

假设需要 n 在 –10~10 变化，则只需要将最小值设置为 –10，最大值设置为 10 就可以了。

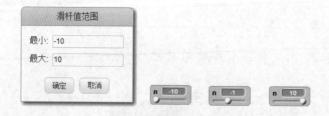

我们将变量值显示器的显示模式设置为滑杆模式，将滑杆值范围设置为 3~40，也就是最少能画出 3 瓣花，最多能画出 40 瓣花。

好了，快拖动滑块，看看画出来的花朵图案吧。程序及绘制效果如图 3-29 所示。

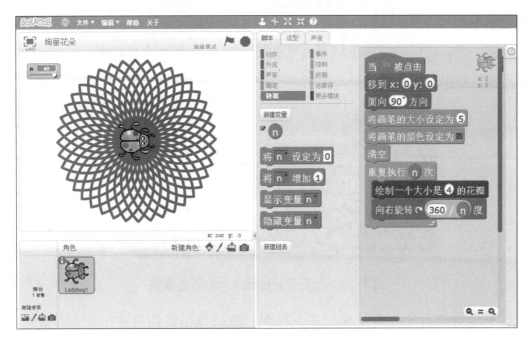

图 3-29 绘制花朵的完整程序及效果

拖动滑块，单击绿旗，可以绘制出设定范围内任意花瓣数目的花朵，你的心情是不是也和我一样万分激动呢？稍稍平复一下，我们继续前行！

4. 美丽色彩

现在我们的花朵只有轮廓，怎么给花朵填充颜色呢？在 Scratch 中可没有颜色填充积木哦！

实际上我们是自外向内一层一层地画出许多个花朵的轮廓，花朵的大小逐渐减小，用这些花朵的轮廓线将花朵涂满颜色，是不是觉得这个办法有点不可思议呢？

好了，闲言少叙，我们来具体分析一下怎么通过程序来实现吧！

首先需要绘制第一个花朵的轮廓；接着减小花朵，绘制第二个花朵轮廓；接下来再绘制第三个更小的花朵……你会发现这是一件重复的事情，唯一改变的就是每次绘制花朵的大小。花朵大小是一个常用又常变的量，不如新建一个变量 flowerSize 来储存花朵大小的数据吧，当需要使用花瓣大小数据的时候，就可以直接使用变量 flowerSize 替代。

每画完一个花朵轮廓，就将花朵的大小减小 0.1，也就相当于增加 –0.1，我们用到的积木是"将 flowerSize 增加 __"。

画完一层，将画笔的颜色值做一些改变，实现渐变的填充效果。改变花朵轮廓大小的部分程序如图 3-30 所示。

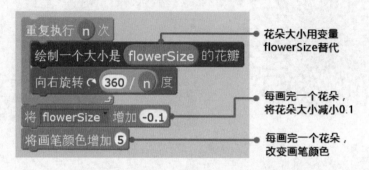

图 3-30　改变花朵轮廓大小的部分程序

图 3-30 这段程序要重复执行多少次呢？也就是说要描绘多少次花朵轮廓？如果你问我这个问题，我也很难直接回答上来！不过可以确定的是，随着绘制的花朵轮廓越来越小，当花朵轮廓的大小小于 0 的时候就没有必要接着绘制了。这时就需要用到一个神奇的程序控制积木——重复执行直到。

重复绘制花朵轮廓这件事情什么时候才停下来啊？当花朵轮廓大小小于 0 的时候就自然停下来了！程序脚本如图 3-31 所示。

现在我们不必纠结绘制轮廓这件事情要重复执行多少次了！

最后，给变量 flowerSize 设定一个初始值，这个初始值决定了最外层花朵轮廓的大小，也就是决定最终绘制的花朵大小。当然也可以将 flowerSize 的变量值显示器设置成滑杆模式，这样就可以自如地调节花朵大小，需要提醒的是不要再在程序中加入将变量"flowerSize 的值设定为 __"积木了。

图 3-31　让花朵轮廓停止绘制
　　　　 的部分程序

在这里，我将最外层轮廓的大小确定下来，并将 flowerSize 的变量值显示器隐藏，最终效果及完整的程序脚本如图 3-32 所示。

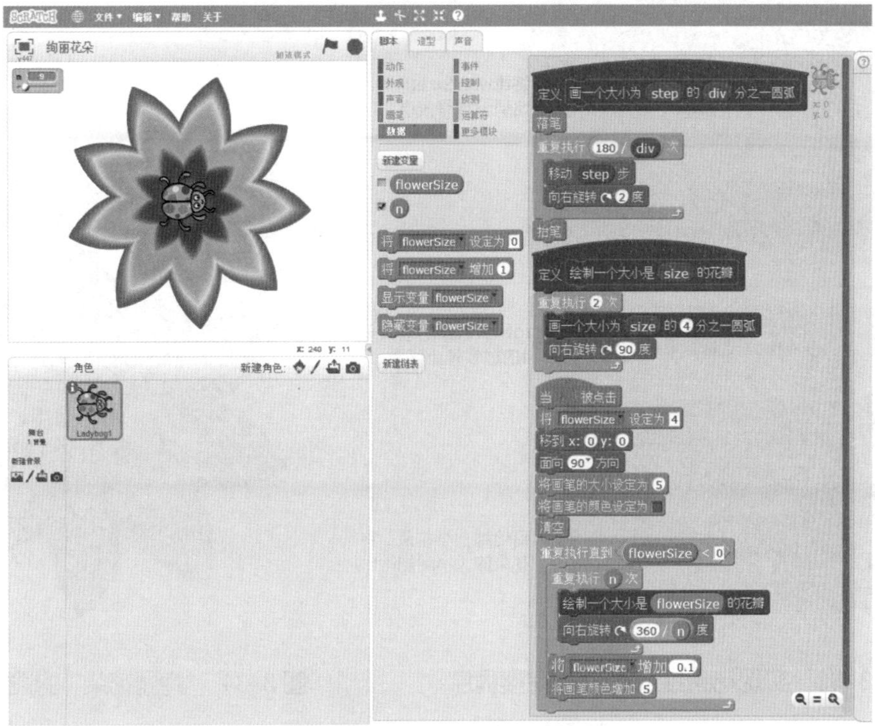

图 3-32 绘制有填充色花朵的完整程序及效果

强烈建议你选择加速模式执行本程序脚本；否则角色优雅的绘制过程将会让你焦躁地等待！当然，如果你有闲情逸致，完全可以调到普通模式，将舞台清理得干干净净，再用油漆桶泼成黑色，如果不喜欢这个角色就把它隐藏起来，来点音乐，单击绿旗，盯着屏幕慢慢欣赏吧！

5. 绽放精彩

刚刚我们绘制花朵是从外向内绘制的，完全是一个填色的过程，有没有想过如果从内向外绘制会是什么样子呢？先绘制一朵很小的花朵，接着再绘制稍大一点的，再接着绘制更大的……这样看来，这将会是一个令人惊叹的绽放过程！

我们要做的仅仅是稍稍修改一下数据，让 flowerSize 的初始值很小，在绘制完一朵之后增加 0.1，重复执行直到花朵大小达到我们的要求！实现花朵绽放过程的完整程序如图 3-33 所示。

请原谅我无法在书中呈现美丽的绽放过程，赶快亲自动手试一试吧，你可以选择一个自己喜欢的初始颜色！图 3-33 所示程序的最终实现效果如图 3-34 所示。

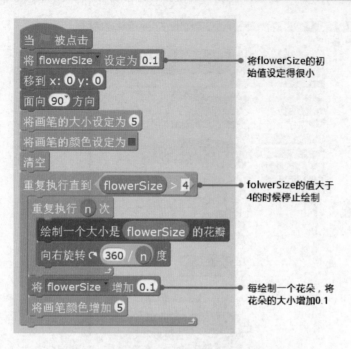

将flowerSize的初始值设定得很小

folwerSize的值大于4的时候停止绘制

每绘制一个花朵，将花朵的大小增加0.1

图 3-33　实现花朵绽放过程的完整程序

图 3-34　"绚丽花朵"的最终绘制效果

试 一 试

在第 2 章中，我们学过的绘制圆弧的方法有两种，而这一节绘制花朵用到的是第二种方法，使用另外一种绘制圆弧的方法完成本节绘制花朵的项目，可以吗？自己去研究一下吧！

回顾总结

（1）常用又常变的数据，可以用变量来储存。

（2）当变量值显示器处于滑杆模式时，可以在舞台上通过滑杆方便、快速地调节变量值。

（3）花朵的填色实际上是由一层层的花朵轮廓线完成的。

自主探究

1. 绘制图案"彩色风车"

彩色风车如图 3-35 所示。

图 3-35　彩色风车

2. 绘制图案"星芒与太阳"

星芒与太阳如图 3-36 所示。

3. 绘制图案"绽放的花朵"

绽放的花朵如图 3-37 所示。

图 3-36 星芒与太阳

图 3-37 绽放的花朵

73

第3节 万物生长

生命的力量总是令人惊叹，你可曾见过破土而出的嫩芽？深埋在泥土里的种子从来不曾沉睡，它们在黑暗中静静地等待，等待一丝温暖、一场春雨。时机一到，它们便生根发芽，以惊人的力量冲破厚重的泥土，蓬勃生长，去迎接每一滴雨露、每一缕阳光。这一节，我们将用 Scratch 展现大地复苏、万物生长的过程。

项目描述

这一节我们简单模拟植物的生长过程，从茎的生长到长出绿叶，再到开出漂亮的花朵，如图 3-38 所示。大家可以在此基础上进行拓展，绘制一幅生机盎然的万物生长图景。

图 3-38 "万物生长"项目效果

编程思路

（1）通过画笔工具绘制出植物生长的茎。值得注意的是，植物的茎往往不是笔直的，所以需要考虑让植物的茎自然弯曲。

（2）绘制绿叶。

（3）植物长成之后，需要绘制出花朵，可以考虑使用图章工具，也可以使用之前学过的用画笔绘制花朵的方法。

程序设计

1. 生长的茎

植物的茎具有输导营养物质与水分的作用，是植物的六大器官之一，顺便普及一下，植物的六大器官分别是根、茎、叶、花、果实、种子。根据植物茎的生长方式，将茎分为直立茎、缠绕茎、攀援茎、匍匐茎等。今天我们所画的植物具有直立茎，也就是说，这种植物是向上生长的。

这次我们还是使用角色 Ladybug1。首先角色应该从地面开始绘制，也就是角色初始位置的 y 坐标应该是 –180。那 x 坐标呢？为了方便讲解与测试，这次将角色初始位置的 x 坐标设定为 0，也就是角色的初始位置坐标为（0，–180）。

茎向上生长，所以角色初始方向应该朝上，这里选择画笔的颜色为绿色，现在让角色落笔，以每次移动 1 步的速度缓慢向上运动。绘制茎的程序如图 3-39 所示。

执行图 3-39 所示的程序，画出一条绿色的茎，如图 3-40 所示。

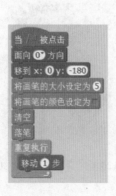

图 3-39　绘制植物茎的程序

图 3-40　在舞台上绘制的笔直的茎

74

我们很快便会发现一些问题，第一，画的茎太直了；第二，茎的高度太高了，由于移动 1 步是放在重复执行积木里面的，角色会一直向上运动，直到碰到舞台的上边缘程序都没有停止。

先来解决第一个问题——茎太直了。我们希望茎能自然弯曲，首先想到的是"向右旋转 __ 度"或"向左旋转 __ 度"积木，可是如果直接使用一个确定度数，画出来的一定是我们曾经画过的圆弧，确实弯曲了，但不够自然，因为弯曲的方向与弧度都已经确定了。怎么才能实现如同自然状态下的任意弯曲呢？这里需要用到随机数。

随 机 数

随机数，说得简单明了、通俗易懂一些，就是随机产生的不确定的数。真正的随机数无规律可循，你无法确定一个随机数发生器产生的下一个随机数是什么，就如同你无法确定一枚即将抛出的硬币在落地之后是正面朝上还是反面朝上一样。

在 Scratch 中也有一个随机数发生器，在运算符模块中有一个"在 __ 到 __ 间随机选一个数"积木，我们将这个积木拖动到脚本区，默认状态下是在 1~10 随机选一个数。双击该积木块，就会产生一个 1~10 的随机数，也就是产生的数可能是 1、2、3、4、5、6、7、8、9、10 中的任意一个数。下面是 4 次试验的结果，大家还可以尝试更多的试验。

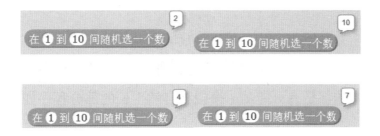

随机数的选择范围是可以改变的，比如可以将范围设置成 –5~5，那么产生的数是 –5、–4、–3、–2、–1、0、1、2、3、4、5 中任意的一个数。

在 -5 到 5 间随机选一个数

可能有的读者想问了，刚刚产生随机数的办法可以产生整数随机数，如果需要小数随机数怎么办呢？其实办法很简单，只需要在设置随机数选择范围的时候加上小数点就可以了。

所以你会发现，在 –5~5 随机选一个数与在 –5.0~5.0 随机选一个数是不一样的。什么？你嫌 Scratch 产生的小数随机数小数位数太多？你只需要两位小数？呃，这个问题当然也可以解决，我将答案放在下面，请各位读者思考一下其中的道理吧！

最后再请各位读者思考一下，在 100~500 产生整百随机数的原理。

随机数在 Scratch 编程中会经常使用到，你学会了吗？

我们当然要用到"向右旋转 __ 度"或者"向左旋转 __ 度"积木，为了让茎可以向左或向右随机选择一个方向、任意选择一个角度生长，就需要用到随机数，如图 3-41 所示。

为了让茎的弯曲幅度小一些，可以让旋转的角度取一个较小的随机数，虽然我们使用的是向右旋转积木，但是当随机数取到 –1 时，角色会向左旋转，也就意味着茎向左或向右弯曲都是有可能的。模拟茎自然生长的部分程序如图 3-42 所示。

图 3–41　随机旋转一个角度　　　图 3–42　绘制弯曲茎的部分程序

我们看一下现在程序执行的效果，如图 3-43 所示。

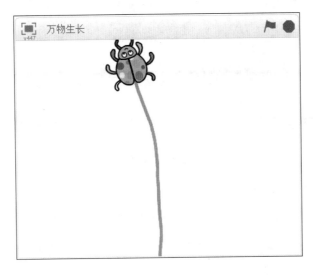

图 3-43　在舞台上绘制自然弯曲茎的效果

现在茎的形态是不是要自然得多。

接下来再来解决第二个问题——茎的高度问题。我们希望茎生长到一定的高度时停止生长，这个高度既不能太矮，也不能太高。可以让茎的高度在一定范围内取一个随机数，这样每次执行程序都可以有不一样的高度变化。

我们让茎重复执行向上生长直到达到一个随机的高度值，为了不让它太矮或太高，可以让高度的范围在 –50~100 随机选择，将随机选择好的数先储存在一个变量 height 里面，当高度也就是角色的 y 坐标大于这个值的时候，停止向上移动，控制茎生长高度的部分程序如图 3-44 所示。

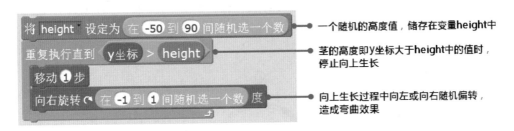

图 3-44　控制茎生长高度的部分程序

试 一 试

如果图 3-44 中的这段脚本这样写，行吗？试一试会产生怎样的效果，并思考其中的原因。

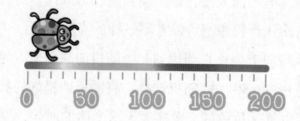

为了让茎有一些颜色上的变化，需要先来了解一下画笔的颜色与色度。

颜色与色度

Scratch 中画笔的**颜色**指的是红、橙、黄、绿、青、蓝、紫等色彩，设定画笔颜色的方式有两种，除了可以使用颜色滴灌取色，还可以使用输入数值的方式设定画笔颜色。

画笔颜色值的取值范围是 0~200，不同的数值对应怎样的颜色呢？我们用下图来说明在 Scratch 中画笔颜色值与画笔颜色的对应关系。

通过上图可以看到画笔颜色值所对应的颜色，如画笔颜色值 0 是红色，70 是绿色，130 是蓝色，170 是品红等，到达 200 又回到红色，形成一个循环，如下图所示。

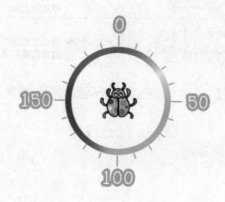

大家在 Scratch 中使用颜色数值来表示颜色的时候就可以查看上页的对应关系图。

除了设置颜色，Scratch 中还有一个设置画笔色度的积木。

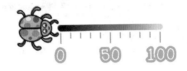

那什么又是色度呢？准确地说**色度**反映的是颜色的色调和饱和度。但 Scratch 中的色度实际上指的是明度，也就是颜色的明暗程度，取值范围是 0~100，默认值为 50。请看下图中红色色度值与色度的对应关系。

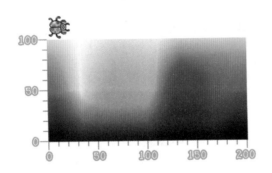

通过上图可以看到色度值越小颜色越暗，值越大颜色越亮。当色度接近 0 的时候，颜色就接近黑色，当色度接近 100 的时候，颜色就接近白色。

下面图是 Scratch 中颜色值和色度值的整体对应关系。

使用颜色值可以让我们自如地改变颜色，可以让茎的颜色值在 60~80 随机选择。这样就可以让茎的颜色在程序每次执行的时候有一些随机性，同样是绿却绿得有差别。

我们还可以让茎底端颜色深一些，顶端颜色浅一些，我们将色度值稍作变化，随着向上生长色度值增加一点。为了增加随机性，我们将初始色度设定为一个在 10~20 的随机数。甚至还可以让茎的粗细多一些随机性，我们让画笔的粗细在 6~8 随机选择。还可以让植物的生长位置随机，也就是让 x 坐标在 –200~200 随机选择。

对程序改进之后如图 3-45 所示。

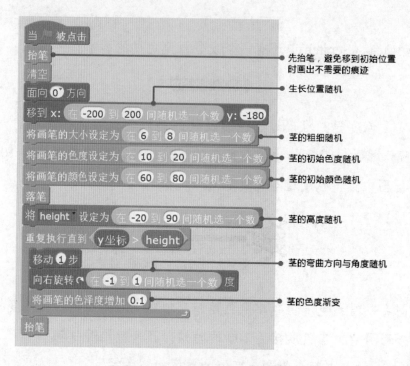

图 3-45　绘制茎的完整程序

程序改进后执行的效果如图 3-46 所示。

图 3-46　绘制茎的效果

2. 绘制绿叶

　　当然你可以尝试通过编程绘制出绿叶的形状，不过这次我们直接在绘图编辑器中将绿叶这一角色绘制好。

单击绘制新角色，将绘图模式转换成矢量编辑模式，这样可以快速绘制出绿叶的形状。

首先还是绘制一个椭圆，绘制步骤如图 3-47 所示。

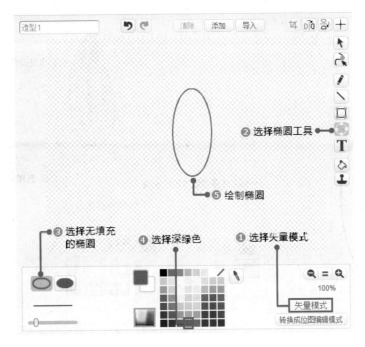

图 3-47　绘制一个椭圆

单击变形工具，将椭圆调整为绿叶形状，如图 3-48 所示。

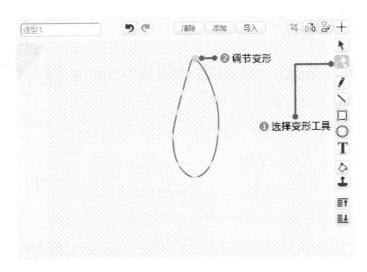

图 3-48　对椭圆调节变形

接下来综合运用铅笔工具与变形工具绘制叶脉，如图 3-49 所示。

再将这片叶子填充成渐变的绿色，填充方法如图 3-50 所示。

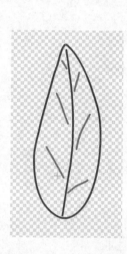

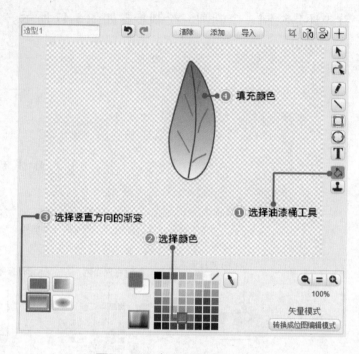

图 3-49　绘制叶脉　　　　　　图 3-50　为叶片填充渐变色

一片绿叶终于绘制完毕！不过，茎的四周都应该长有绿叶，在这个二维的项目中，我们简化一下，至少茎的左右两边应该都长有绿叶，所以如果这是左边的叶片，还需要绘制右边的叶片。

使用选择工具，框选刚刚绘制的叶，将其选中，向左旋转一定的角度，旋转之后的叶片如图 3-51 所示。

有一个巧妙的办法可以很快绘制出右边的叶片，那就是"复制"。我们选中刚刚绘制的叶片，按 Ctrl+C 组合键进行复制，再按 Ctrl+V 组合键进行粘贴，这时就

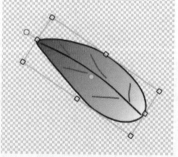

图 3-51　旋转叶片

会发现有一片一模一样的绿叶跟随着我们的鼠标指针，在画布上的适当位置单击鼠标便可完成复制。不过还是一片朝向左边的叶片，怎么让它朝向右边呢？选中复制出的这片绿叶，再单击左右翻转，看看是不是我们想要的效果？茎的左右两边各绘制了一片绿叶，不过可能需要调整一下两片绿叶的距离，调整之后的效果如图 3-52

所示。

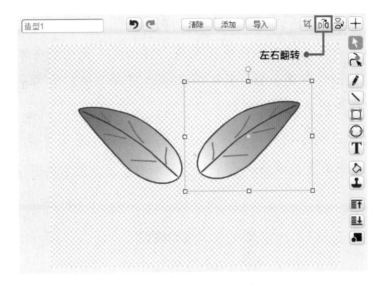

图 3-52　两片绿叶

还需要将这两片绿叶一起选中并做一下旋转，最后确定中心点，如图 3-53 所示。

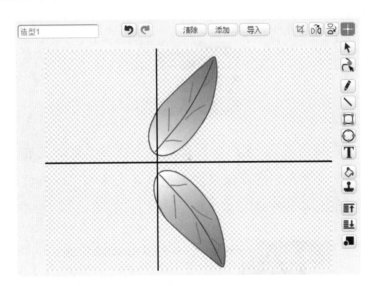

图 3-53　选择中心点

好了，两片绿叶绘制完成，给这个角色起一个名字，就叫作"绿叶"吧。

你知道为什么最后要让它们的方向朝向右边吗？直接朝上可以吗？

3. 展开绿叶

这棵植物的茎开始生长的时候，要让叶也开始生长。叶怎么才能知道茎开始生长了呢？这时就需要用到"广播"。

广　　播

一个角色怎么告诉其他的角色现在应该干什么呢？就比如在本节的内容里面，茎开始生长的时候，它需要告诉叶片——你现在开始生长！在 Scratch 中，角色可以通过广播来对其他的角色或者背景发送消息，当其他的角色或者背景接收到相应消息的时候，就可以执行相关的程序。这就好比你给我发短信说"一起去吃饭"，当我接收到这条消息的时候就会执行一系列的动作，比如看看时间、想想是否有空、来找你等！

在 Scratch 的事件模块中有 3 个积木与广播有关，它们分别是当接收到消息、广播消息、广播消息并等待。

首先来说说"广播消息"。这就如同发送短信，其特别之处在于广播消息是对所有角色以及背景发送消息，有点像群发，也就是大家都可以接收到。

我们使用广播积木可以新建一条消息。

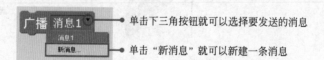

我们需要给新建的消息起一个名字。

单击"确定"按钮之后就可以广播消息 leafs 了。

再来说说"当接收到消息"积木。

当某个角色或背景接收到消息 leafs 时，就执行相应的程序。

也可以选择相应的消息或新建消息。

那"广播消息并等待"又是什么意思呢？

85

这个积木会给所有角色发送消息，并等待接收到消息的角色完成相关程序，再接着执行发送消息并等待积木之后的程序。

现在，你知道怎么让绿叶在茎开始生长的时候就开始生长吗？只需要让茎开始生长之前给绿叶广播一条消息就可以了，我们将消息命名为 leafs，广播部分程序如图 3-54 所示。

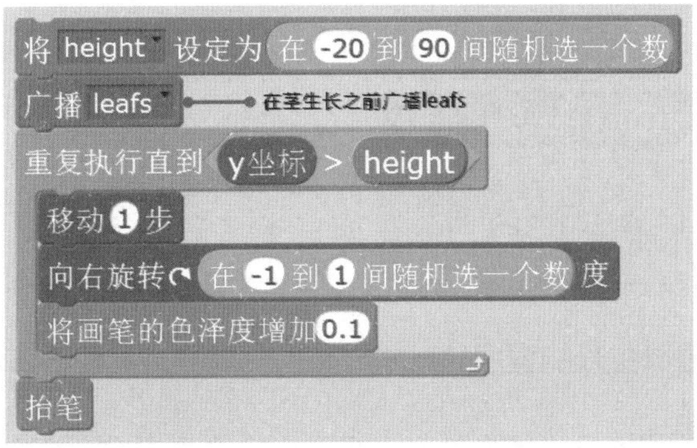

图 3-54　在茎生长之前广播

当绿叶接收到角色 Ladybug1 广播的消息 leafs 时，它便要开始在茎上"生长"。不过绿叶首先需要移动到茎生长的位置，也就是 Ladybug1 的位置，并且与 Ladybug1 的朝向一致，在绿叶开始生长之前，它的大小应该设置为 0，与角色大小相关的积木可以在外观模块找到。当把调整位置、方向、大小这 3 项准备工作做好之后，绿叶才能光明正大地显示出来，程序如图 3-55 所示。

图 3-55 调整叶片位置、方向、大小的程序

接下来就是绿叶长大的过程。我们用 size 来储存绿叶的大小，不过这个大小在 50~80 选取随机值。绿叶长大的程序很好理解，那就是让绿叶这一角色的大小每次增加 1，一共增加 size 次。size 取到的值越大，绿叶最终的大小就越大。实现绿叶生长的程序如图 3-56 所示。

是时候单击绿旗看看效果了！

如图 3-57 所示，茎与绿叶的生长过程确实令人惊叹，激动的心情稍稍平复之后，你是不是会把注意力集中到茎顶端那只美丽的虫子上呢？你可能会觉得它就如同一朵花，或者干脆认为花被它残忍地吃掉了。

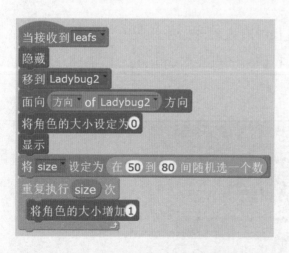

图 3-56 实现绿叶生长的程序

图 3-57 绿叶生长

好吧，我们确实需要在植物的顶端绘制一朵美丽的花朵，而不是一只虫子。

4. 花朵盛开

为了用美丽的花朵替代这只可爱的虫子，就要为 Ladybug1 这个角色新建一个造型，只需要绘制一片花瓣即可。需要注意的是，调整中心点的位置，花瓣形状及其中心点的位置如图 3-58 所示。

绘制了新造型之后可以删掉虫子造型，注意是造型而不是角色，然后将 Ladybug1 角色名改为 flower，并将角色隐藏，如图 3-59 所示。

图 3-58　花瓣角色

图 3-59　更改角色名称

为了使用一片花瓣绘制出整朵花的效果，就需要用到图章积木 图章 。

使用图章积木可以在舞台上复制一个与角色一样的图案，不过这样的复制图案不能像真实的角色一样移动，就如同你在纸上盖的印章一样。

通过旋转与图章积木便可以绘制一朵完整的花，图 3-60 所示的程序脚本是不是似曾相识呢？

一株美丽的开花植物绘制完成，最终效果如图 3-61 所示。

图 3-60　绘制花朵的部分程序

图 3-61　最终实现效果

87

回顾总结

　　这一节我们绘制了一株生长开花的植物，每次单击绿旗的时候，绘制出的植物都有差别，因为我们使用了随机数，让茎的高度、粗细、颜色、弯曲方向以及叶的大小都有些许变化。限于篇幅，我们的这幅植物生长图显得过于简单，还有很多问题等待我们进一步去探索，如能不能让一株植物长出更多的绿叶？能不能让叶在展开的过程中颜色由嫩绿到深绿变化呢？花朵的大小、颜色、形状能不能有所变化呢？能不能在舞台上生长出更多的植物呢？请各位读者带着这些疑问完成自主探究，绘制一幅生机盎然的万物生长图景。

自主探究

　　绘制图案"花园"，如图 3-62 所示。

图 3-62　花园

第4章
移动之妙

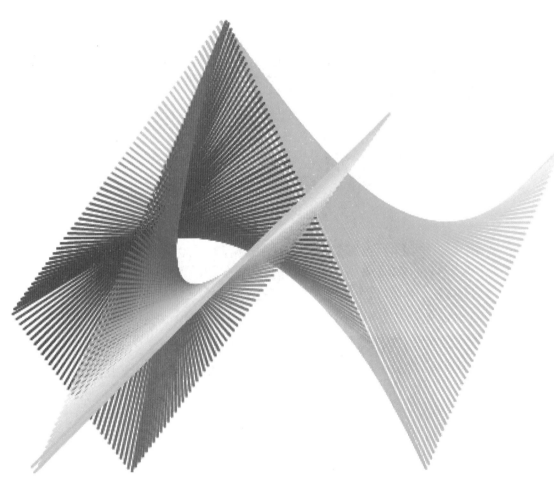

静止是相对的，
运动是绝对的，
于是便有了
斗转星移。

第1节 彩色线条

线条在生活中无处不在，窗边的一缕阳光，林间的崎岖小径，湖面的丝丝波纹，大自然用线条装点着世界的每一个角落，著名诗人王维在诗中写道："大漠孤烟直，长河落日圆"，简单的线条却描绘了一幅壮阔的边塞图景。

项目描述

这一节我们将应用移动命令绘制在舞台上产生变化万千的彩色线条，如图4-1所示，这个项目很简单，却十分有趣。

图4-1 "彩色线条"项目效果

编程思路

（1）绘制线条的两个端点，可以通过绘制新角色绘制两个点作为线段的端点。

（2）让画笔从一个端点运动到另一个端点，便可以绘制出一条线段。

（3）让线段的两个端点移动起来，便可以在不同的位置绘制线段，改变画笔颜色，形成绚丽效果。

程序设计

1. 一条线段

怎么绘制一条线段呢？众所周知，线段有两个端点，可以先确定画笔的两个端点，再让画笔从一个端点移到另一个端点，便可以绘制出一条线段。

在 Scratch 中，可以通过绘制新角色绘制一个点，如图 4-2 所示，并将这个角色命名为"端点 1"。

在角色"端点 1"上右击，选择快捷菜单中的"复制"命令，可以复制出另外一个端点，命名为"端点 2"，如图 4-3 所示。

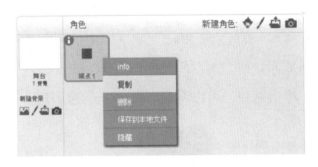

图 4-2　绘制一个点作为角色　　　　图 4-3　复制角色

这样，在舞台上便有了两个点，作为两个端点，如图 4-4 所示。

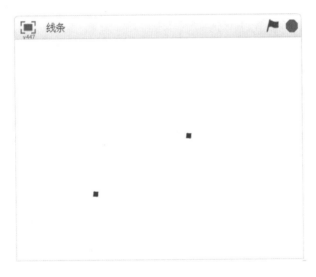

图 4-4　舞台上的两个点

现在要做的是把这两个点连起来，我们绘制一个"画笔"角色，这样便有了 3 个角色，如图 4-5 所示。

对"画笔"这个角色编写程序，让画笔落笔，从"端点 1"运动到"端点 2"。怎么让画笔先移到"端点 1"呢？可以在动作模块里找到 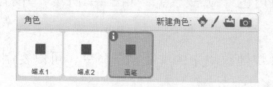 积木，单击积木右侧的下拉三角按钮，选择下拉列表中的"端点 1"选项，如图 4-6 所示。

图 4-5　3 个角色

图 4-6　移到端点 1

现在，当单击绿旗时，"画笔"运动到"端点 1"，落笔之后，再运动到"端点 2"，用画笔连接两个端点的程序如图 4-7 所示。

单击绿旗，可以看到在舞台上迅速出现一条线段，如图 4-8 所示。

图 4-7　连接两个端点的程序

图 4-8　舞台上绘制的线段

怎么样？轻轻松松绘制了一条线段！不过孤零零的一条线段躺在舞台上，看起来是不是有点单调有点无聊呢？不要着急，跟我接着做！

2. 彩色线条

想一想，让这两个端点动起来会怎样呢？我们让这两个端点在舞台上随机碰撞，先对"端点 1"编写程序，如图 4-9 所示。

接着再对"端点 2"编写相同的程序。同样的程序写两遍？费时费力呀！不过有更简单的办法，只需要将"端点 1"的这段程序复制给"端点 2"就可以了。

图 4-9　角色在舞台上反弹的程序

复制的方法也很简单,将刚刚给"端点1"编写的这段程序拖动到角色"端点2"上,如图4-10所示,松开鼠标,复制便可完成。

选择角色"端点2",看一看,是不是也有一段跟"端点1"一模一样的程序了?真是件令人兴奋的事情!

再丰富一下"画笔"的程序,让画笔在"端点1"与"端点2"之间重复绘制线段,相信你能轻易看懂图4-11中的这段程序。

图4-10 将程序复制给另一个角色　　　图4-11 画笔的程序

93

也许你刚刚每做一步都尝试单击绿旗,希望能看到一点新奇的效果,然而并没有发生什么特别的事情,不过这一次单击绿旗绝对不会让你失望!舞台上呈现图4-12所示的效果。

我们将所有的角色隐藏,添加颜色,让画笔的颜色不断改变。角色"画笔"的完整程序如图4-13所示。

图4-12 舞台上的线条效果　　　图4-13 添加了颜色积木的画笔程序

单击绿旗，简单的程序却能实现图 4-14 所示的奇妙效果，相信你已激动万分。

图 4-14　最终效果

回顾总结

这一节我们用非常简单的程序绘制出了有趣的变化线条效果。首先要确定两个端点，再将两个端点连接起来，绘制出一条线段；接着让线段的两个端点运动起来，绘制出富有动感、富有变化的线条。

自主探究

1. 绘制"变幻的线段"

绘制一条在舞台上不断伸缩变换、来回碰撞，并且还能不断改变颜色的线段，如图 4-15 所示。

2. 绘制"杂乱的线条"

在屏幕上绘制不断产生的彩色杂乱的线条，如图 4-16 所示。

图 4-15　变幻的线段

3. 绘制"射线"

通过 Scratch 编程完成这样的效果：舞台上会不断产生一些连接舞台中点与舞台上任意位置的彩色线条，就如同从中心发射的射线，如图 4-17 所示。

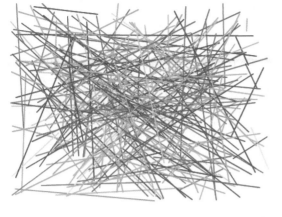

图 4-16　杂乱的线条　　　　　　　　　　　图 4-17　射线

第2节　闪烁光斑

你是否曾留意过树荫下斑驳的阳光，清风徐来，树叶婆娑，地上的光斑闪烁、跳跃，如生命般灵动，让人浮想联翩。越是简单的事物，越能够给我们展现最真挚的美。

项目描述

通过 Scratch 编程制作光斑闪烁的效果，各色的圆形光斑在舞台上不断产生，然后逐渐消失。项目效果如图 4-18 所示。

图 4-18　"闪烁光斑"项目效果

编程思路

（1）绘制一个光斑角色，并通过编程产生多个光斑在舞台的随机位置出现。

（2）通过程序改变光斑的颜色。

（3）通过程序控制让光斑在一定时间之后逐渐消失。

程序设计

1. 分身之术

首先绘制一个圆形角色作为光斑，如图 4-19 所示，并将这个角色命名为"光斑"。

不过一个光斑可不行，我们希望在舞台上呈现缤纷的光斑闪烁效果，是不是需要手动绘制许许多多的光斑角色呢？

其实没有必要，强大的 Scratch 为我们提供了克隆功能，可以使用这项功能克隆出多个与角色相同的克隆体，犹如角色的分身术。

在控制模块可以找到 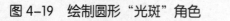 积木，如果让光斑克隆自己 10 次，程序如图 4-17 所示，会是什么效果呢？

图 4-19　绘制圆形"光斑"角色　　　　图 4-20　角色克隆自身 10 次

当我们单击绿旗执行这段程序时，如图 4-21 所示，会发现舞台上面的圆形光斑似乎没有任何变化。

此时拖动一下光斑这个角色试试。咦，拖走一个还有一个，经过坚持不懈地拖动，数一数，舞台上已有 11 个圆形光斑，除了角色本身之外还有 10 个克隆体，如图 4-22 所示。

图 4-21 执行克隆程序后的舞台 　　　　图 4-22 克隆出的光斑

如果这些克隆出来的光斑能够随机散落在舞台的不同位置那该多好。我们已经知道怎么用程序来控制角色的位置,可是怎样才能控制克隆体的位置呢?还是在控制模块里面,有一个 当作为克隆体启动时 积木,该角色的克隆体一旦产生,就会执行 当作为克隆体启动时 下方的程序。我们将"光斑"角色隐藏起来,让克隆体在舞台上随机选择一个位置出现,程序如图4-23所示。

图 4-23 克隆体的位置设置程序

每次单击绿旗,都会看到 10 个光斑出现在舞台上的随机位置,如图 4-24 所示。

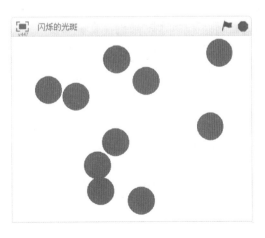

图 4-24 随机分布在舞台上的克隆体

2. 色彩斑斓

通过刚刚的学习，实现了单击一次绿旗，光斑的位置变换一次的效果。如何让这些光斑在舞台上的位置不断变换，形成闪烁效果呢？

说到不断变换，首先想到的是重复执行，不断克隆光斑，为了让光斑的产生速度不至于太快，每产生 10 个光斑等待 1 秒，程序如图 4-25 所示。

不过几秒钟之后，我们的舞台上便全是这样的圆，如图 4-26 所示。

图 4-25　改进之后的克隆程序　　　图 4-26　执行程序产生大量的克隆体

光斑太多，这显然不是我们想要的效果，如何删掉多余的光斑呢？在控制模块里有 删除本克隆体 积木，可以让克隆体产生 1 秒之后自动删除，这样就可以避免舞台上出现过多的光斑，程序如图 4-27 所示。

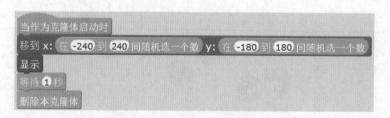

图 4-27　1 秒之后删除克隆体

快单击绿旗看看效果，如图 4-28 所示，两段简单的程序实现了光斑位置变换的效果，怎么样？克隆积木神奇吧！

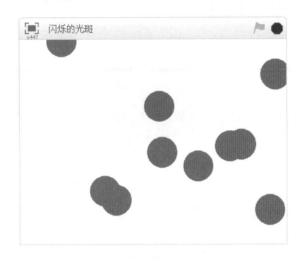

图 4-28 改进之后的程序执行效果

什么？你竟然嫌弃光斑的颜色太单一！好吧，我们不得不了解一些新的知识！

颜 色 特 效

我们曾经学习使用过画笔颜色设定与画笔颜色增加积木，它们分别用来设定与改变画笔颜色。那么如何设定或改变角色的颜色呢？

在外观模块里面有 将 颜色 特效设定为 0 与 将 颜色 特效增加 25 积木，它们与画笔的颜色值类似，我们同样可以用一个颜色环来表示角色的颜色特效值。

不过，角色的颜色特效值的取值范围为 –100~100。在默认状态下，角色的颜色特效值为 0，这时，角色保持其本身的颜色。比如，一个红色的方块在颜色值为 0 时，我们看到它还是红色。

在色环中，沿着顺时针方向旋转表示颜色特效值增加，沿着逆时针方向旋转表示颜色特效值减小。

　　对照上面的色环图推测，如果将这个红色方块的颜色特效值设定为 50，这个方块会变成什么颜色？设定为 –50 呢？推测之后，赶快在 Scratch 中试一试吧！

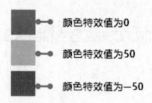

　　这与你用色环图推测的结果一致吗？

　　再举一个例子，看看我们用来绘图的角色 Ladybug1，看到它背上的橙色了吗？如果将 Ladybug1 的颜色值增加 100，这只 Ladybug1 背上的橙色会变成什么颜色呢？

　　我们在色环上找到橙色，在色环上沿顺时针方向将颜色特效值增加 100 之后，再在色环上找到相对应的颜色——蓝色！角色上的橙色会变成蓝色吗？这个角色身上的黄色会变成什么颜色呢？这个角色身上其他的颜色又会如何变化呢？想一想，试一试吧！

　　经过试验，我们发现角色颜色特效的变化规律正如色环所示。今后，我们便可以通过角色颜色特效色环，帮助确定角色的颜色，了解角色颜色的变化规律。

我们学习了关于角色颜色特效的相关知识后，就可以用颜色特效的相关积木来改变角色的颜色了。当然，在这里需要用它来改变角色的克隆体的颜色！

想一想，怎样改变每个光斑的颜色呢？用随机数吧！不过需要注意颜色特效值的取值范围是 –100~100，我们将每一个克隆体的颜色特效在 –100~100 随机设定一个值，如图 4-29 所示。

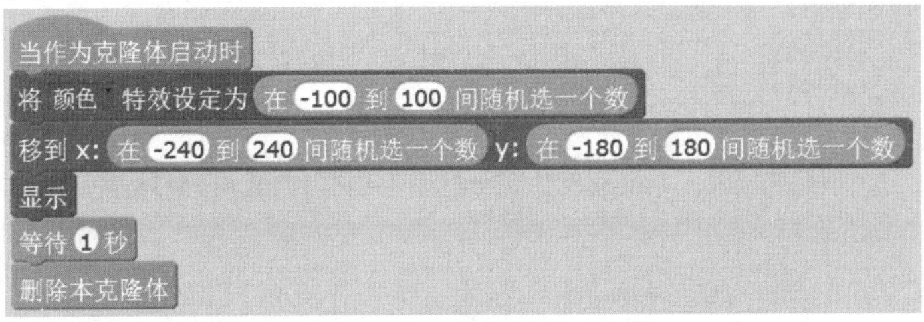

当作为克隆体启动时
将 颜色 特效设定为 在 -100 到 100 间随机选一个数
移到 x: 在 -240 到 240 间随机选一个数 y: 在 -180 到 180 间随机选一个数
显示
等待 1 秒
删除本克隆体

图 4–29　加入了颜色特效积木的克隆体启动程序

一条简单的命令，让舞台上的呈现效果大为改观！见图 4-30。

除了改变克隆体的颜色特效，还有很多的特效可以进行设定或改变，如图 4-31 所示。比如虚像特效决定了角色的透明度，它的取值范围是 0~100，0 表示角色完全不透明，值越大透明度越高，100 表示角色完全透明。其余的特效就留给各位读者自己去探索吧。

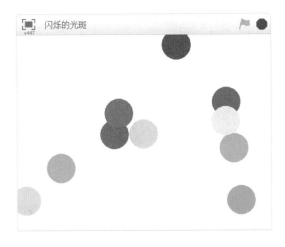

闪烁的光斑

图 4–30　程序执行效果

将 颜色 特效设定为 0
颜色
超广角镜头
旋转
像素化
马赛克
亮度
虚像

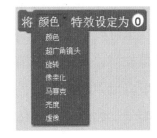

图 4–31　Scratch 中支持的特效

接下来，可以使用这些特效继续丰富克隆体的效果，创造更多的可能。如改变光斑的虚像、光斑的亮度、光斑的大小等，程序如图 4-32 所示。

此时可以看到光斑的效果更加丰富了，见图 4-33。

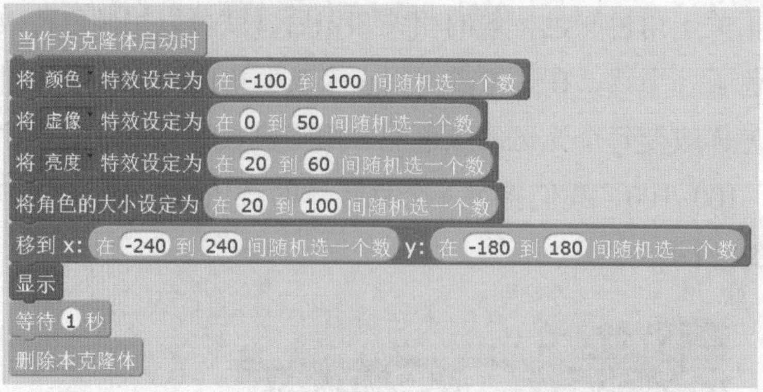

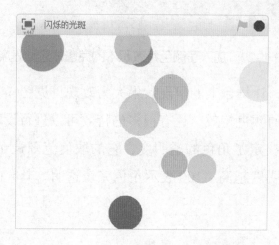

图 4-32　加入几种不同特效的克隆体启动程序

图 4-33　程序改进之后的效果

3. 渐渐消失

我们刚刚让光斑出现 1 秒之后迅速消失，你是否感觉太过突然，缺少渐变之美呢？当然也可以让光斑渐渐消失，营造一种缓和的氛围，表现过程之美。

可是如何让光斑缓缓消失呢？

这里可以用前面讲到的虚像特效，它可以改变克隆体的透明度，如果让克隆体的透明度逐渐增加，是不是就会产生一种渐渐消失的效果呢？

我们让虚像特效值重复增加几次，使光斑渐渐隐去，最后再删除克隆体光斑，让克隆体渐变消失的程序部分见图 4-34。

图 4-34　让克隆体渐变消失的程序部分

克隆体启动时的完整程序如图 4-35 所示。

图 4-35　完整的克隆体启动程序

程序改进之后，光斑的效果更加自然。

如果你觉得一次出现 10 个光斑不过瘾，可以改变每次循环的克隆次数，比如每次克隆 20 个光斑，程序如图 4-36 所示。如果你愿意，也可以让每次产生光斑之后等待的时间随机变化，我在这里就不做示范了。

根据你的想法，大胆地去尝试，大胆地去修改吧！图 4-37 便是我们用 Scratch 绘制的闪烁的光斑效果，让我们一起去感受编程之美，时光之美！

图 4-36　同时产生 20 个克隆体的程序　　　图 4-37　最终呈现的效果

图 4-38 是黑色舞台背景下的呈现效果。

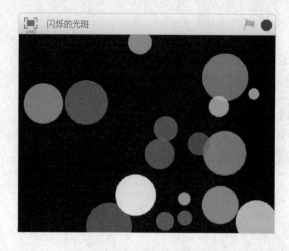

图 4-38　在黑色舞台背景下呈现的效果

试 一 试

　　实现本节中"闪烁光斑"这种效果的方法并不唯一，想一想，如果我们只克隆了 10 个光斑的克隆体，就像下面这段程序，我们又该如何改变克隆体启动时的程序，来实现相同的效果呢？

回顾总结

　　这一节我们采用最简单的基本图形圆形作为光斑，虽然只绘制了一个光斑角色，但通过克隆积木，可以克隆出多个光斑克隆体，并且可以改变克隆体的位置、大小、颜色特效、虚像特效值等，形成光斑闪烁的效果。

自主探究

绘制图案"溢出的色彩"

　　不同的颜色从舞台中心点溢出，向四周流淌，效果如图 4-39 所示。

图 4-39　溢出的色彩

第3节　炫彩花舞

如果有这样一朵花，花瓣上流淌变换着色彩，花朵在你的眼前静静旋转，如同舞蹈，你定会为之惊叹。我们可以运用自己丰富的想象力赋予这个世界更多的美好，或者，我们可以通过编程将脑海中的图景描绘出来。

项目描述

我们要使用画笔工具绘制一朵颜色不断变换的花朵，花朵在变换颜色的同时在舞台的中心旋转。花朵效果如图 4-40 所示。

图 4-40　"炫彩花舞"项目效果

编程思路

（1）让画笔绘制在舞台上的点能够改变位置。

（2）通过不同大小的点的排列组成花的形状，并改变点的颜色。

（3）让花旋转起来。

程序设计

1. 移动的点

你能在 Scratch 中让一个点动起来吗？这还不简单？我们绘制一个角色——它就是一个"点"，通过移动积木就可以让它动起来。

这样确实可以，不过这节课的"点"指的是用画笔在舞台上绘制出来的点。我们将角色缩小一点，通过图 4-41 所示的程序绘制出一个大小为 50 的点。

舞台上绘制的点如图 4-42 所示。

现在的问题是，怎么让这样的点移动。

我们可以采用这样的思路：将舞台清空，把角色移到下一个位置绘制一个点；再清空，再把角色移到下一个位置绘制一个点……每次移到一个新的位置，都将舞台上已有的点清空再进行绘制，如此不断重复。让点移动的程序如图 4-43 所示。

图 4-41　绘制一个点的程序　　　图 4-42　舞台上绘制的点　　　图 4-43　点移动程序

单击绿旗，你会发现，我们用画笔绘制出来的点竟然也可以"移动"。

先了解这样的编程思想，我们后面将会用到，现在你可以将图 4-43 这段程序删除掉。

2. 一层花瓣

我们用一个点作为一片花瓣，一定数量的花瓣围成一周便组成了一层花瓣。新

建一个绘制一层花瓣的自定义模块，如图4-44
所示，其中"数量 n"表示围成一周所用的花瓣
个数，"距离 d"表示花瓣与舞台中心点（0,0）
的距离，"大小 s"指画笔大小，"方向 dir"指
角色绘制花瓣的起始方向。

图 4-44　新建绘制花瓣的自定义模块

现在我们对新建功能块进行定义。

首先，将画笔大小调整为 s。

如果只画一个点，角色需要在抬笔状态下移动到舞台中点（0,0），面向 dir 方向，
移动 d 步，落笔，程序如图 4-45 所示。

如果要画 n 个点呢？可以肯定这就需要重复绘制 n 次，在每一次绘制之前
角色仍然需要在抬笔状态下移动到舞台中点（0,0），朝着某一方向移动 d 步落笔，
但不是每一个点都要面向初始方向 dir，相邻两点与中心点的连线的夹角是 $360/n$，第一个点面向的方向是 dir，第二个点面向的方向应该是 dir+$360/n$，第三个
点就应该是 dir+$360/n \times 2$，依此类推，那么我们可以用一个变量来记录某点与
中心点连线与初始方向的夹角个数。我们新建一个变量 i，将 i 的初始值设置为
0，每绘制完一个点就将 i 的值增加 1。在程序的最后，给它一点颜色。程序如
图 4-46 所示。

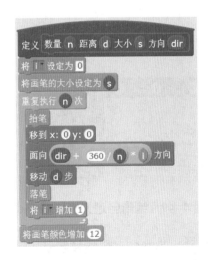

图 4-45　实现绘制一个点的程序　　　图 4-46　定义绘制一周花瓣的程序

编写图 4-47 所示的程序，执行我们的自定义功能块，可以发现，Scratch 快速地在舞台上绘制了 8 个圆点。

绘制效果如图 4-48 所示，每一次单击绿旗，颜色都会有所变化。

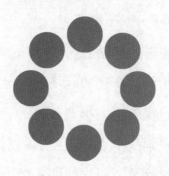

图 4-47　执行绘制花瓣的程序　　　　图 4-48　在舞台上绘制的花瓣

绘制的速度虽快，但是依然可以看清 Scratch 一个点一个点的绘制过程，这对于计算机来说，真的算快吗？当然不算！除了可以在加速模式下执行程序，我们还有另外一种方法可以加快新建功能块中的程序执行速度。

我们在自定义功能块上右击，选择快捷菜单中的"编辑"命令，如图 4-49 所示，就可以对自定义功能块再次进行编辑。

勾选"运行时不刷新屏幕"复选框，图 4-50 所示。

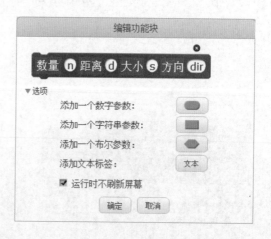

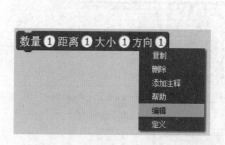

图 4-49　编辑自定义模块　　　　图 4-50　勾选"运行时不刷新屏幕"复选框

这样，Scratch 便不会每执行一句自定义模块下的程序就刷新一下屏幕，而是将自定义模块中的程序执行完毕再刷新屏幕，大大地提高了程序的执行速度。

将舞台清空，再次执行程序，就会发现，快到你根本无法看到绘制的过程。

我们可以进一步将绿旗下方的程序作以下更改，在每次绘制之前清空舞台，并重复执行，如图 4-51 所示。单击绿旗之后，每更改一个数据，舞台上的图案就会立即更新。

3. 一朵花

由多层花瓣组成的花朵会更加丰满富有层次感，我们新建一个绘制花朵的自定义模块，注意勾选"运行时不刷新屏幕"复选框。

你希望这朵花有多少层，就需要重复执行多少次。每一层的花瓣大小由外向内逐渐减小，我们新建变量 dis 存储花瓣到中心点的距离，新建变量 size 存储花瓣的大小。每绘制一层，都将移动距离设置为前一层的 1/1.2，画笔大小设置为前一层的 1/1.2，如图 4-52 所示。

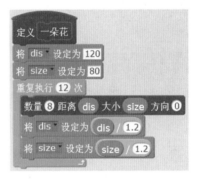

图 4-51　实现图案实时更新的程序　　　　图 4-52　定义绘制一朵花的模块

在绿旗下执行绘制"一朵花"的程序，在绘制之前你可以通过程序设置你喜欢的画笔颜色，如图 4-53 所示。

绘制出的花朵效果如图 4-54 所示。

图 4-53　调用并执行绘制一朵花的程序　　　　图 4-54　绘制出的花朵效果

4. 旋转起来

不得不承认，我们刚刚编写的自定义模块"一朵花"是存在诸多问题的，如果要更改花瓣的层数、每层花瓣的个数、起始绘制方向怎么办？

你可以很容易想到办法，比如要改变花瓣的层数只需要在自定义模块"一朵花"下方更改重复执行的次数就可以了，没错，但是作为程序编写者，应将需要更改的量作为参数，留出程序接口，调用模块时就可以在自定义模块的外部进行更改。比如，可以为自定义模块"一朵花"增加参数"层数 l""花瓣 p""方向 dir"，另外再加上颜色参数"color"。带参数地绘制一朵花的程序如图 4-55 所示。

执行图 4-56 所示的程序，可以得到与刚刚绘制的图案相同的效果。

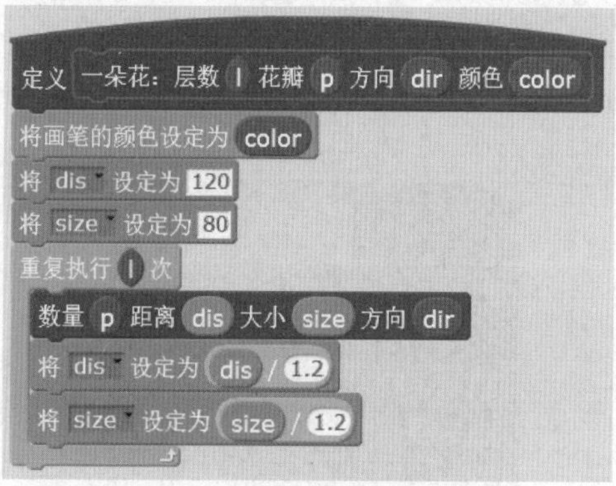

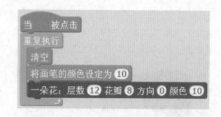

图 4-55　定义带参数地绘制一朵花的程序　　图 4-56　调用并执行绘制一朵花的程序

怎么让这朵花旋转起来呢？只需要改变参数"方向"的值就可以了。我们新建一个变量 dir，每绘制一朵花，就将方向 dir 的值增加 1，如图 4-57 所示。

单击绿旗，执行程序，你会惊奇地发现，花朵旋转起来了。

我们还可以新建一个变量 color，用来改变花朵的颜色，丰富之后的程序如图 4-58 所示。

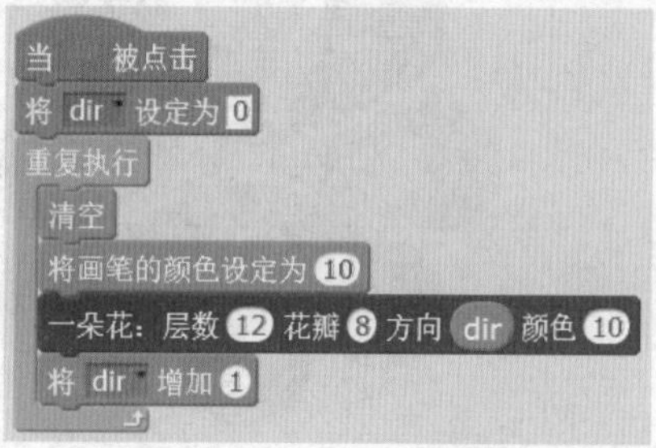

图 4-57　引入储存方向的变量 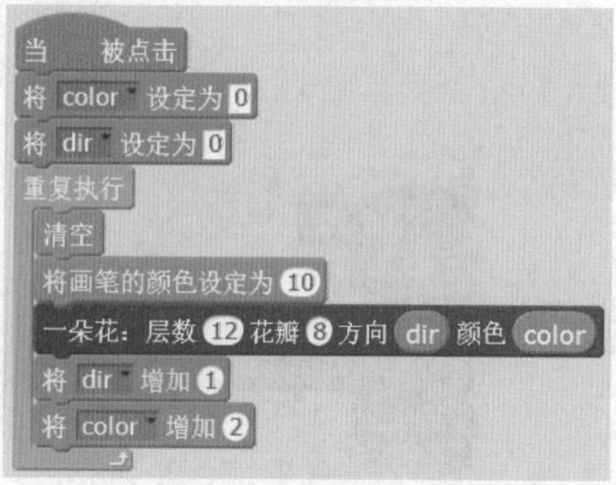　　　　　　图 4-58　引入储存颜色的变量

110

执行程序，可以看到花朵旋转的同时颜色逐层渐变，图4-59所示为两个不同时刻的花朵。

图4-59 可以改变颜色的花朵

遗憾的是，我无法在书中为你呈现它旋转时的曼妙舞姿，只有你亲自动手编写程序才能目睹它的美丽了。尝试更改"层数""花瓣"的参数值，感受它的万千变化吧！

回顾总结

（1）采用"清空"刷新舞台，可以让画笔痕迹形成移动效果。

（2）在新建功能块时勾选"运行时不刷新屏幕"复选框，可以加快程序执行速度。

自主探究

绘制"漩涡"

绘制如图4-60所示的漩涡。

图4-60 漩涡

第5章
分形之奇

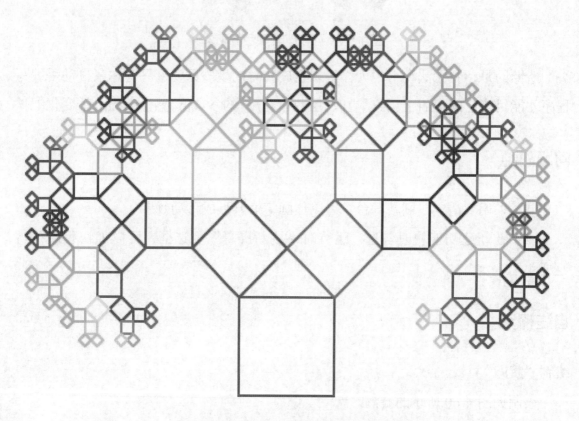

我们不得不惊叹大自然的鬼斧神工，

它让树的每一个枝丫，

都与整棵树极其地相似。

还有花椰菜，

它的每一个部分

都像极了整体。

这样的现象我们称之为

——分形。

第1节 奇妙螺旋

　　螺旋形状在自然界普遍存在，公山羊头上长着螺旋形的犄角，鹦鹉螺的外壳呈现美丽的对数螺旋形，一些蜘蛛总是固执地编织螺旋形的丝网，大自然中存在着许多奇妙的螺旋形。

项目描述

　　使用递归算法绘制由多边形变换而成的螺旋。效果如图 5-1 所示。

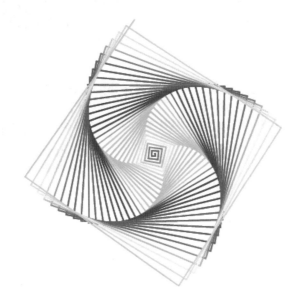

图 5-1　"奇妙螺旋"项目效果

编程思路

　　在正多边形的基础上做更改，产生螺旋效果。

程序设计

1. 古老的故事

　　下面这个故事想必大家都听过：

从前有座山，山里有座庙，庙里有个老和尚和一个小和尚，老和尚给小和尚讲故事，讲的什么故事呢？

——《老和尚讲故事》

这个故事真正地讲起来就有点没完没了了：从前有座山，山里有座庙，庙里有个老和尚和一个小和尚，老和尚给小和尚讲故事，讲的什么故事呢？从前有座山，山里有座庙，庙里有个老和尚和一个小和尚，老和尚给小和尚讲故事，讲的什么故事呢？从前有座山，山里有座庙，庙里有个老和尚和一个小和尚，老和尚给小和尚讲故事，讲的什么故事呢……这是要累死讲故事的人啊，明显就是故事自己在讲自己嘛。在 Scratch 中，一个自定义模块直接或间接调用自己本身，这种过程叫递归过程。

现在，我们让小猫给我们讲一个《老和尚讲故事》。我们自定义一个老和尚讲故事的模块，如图 5-2 所示，这个模块在最后会调用自己。

调用老和尚讲故事程序，如图 5-3 所示。

单击绿旗之后，这只猫就开始碎碎念，故事讲个没完，如图 5-4 所示。

图 5-2　老和尚讲故事程序

图 5-3　调用老和尚讲故事程序

图 5-4　小猫讲"老和尚讲故事"

这不就跟循环一样吗？不错，我们确实用递归实现了循环的功能。像老和尚讲故事这样，在脚本末尾调用自己，这种形式称为尾递归。

我们同样可以用递归来绘图。

2. 正多边形与螺旋线

如果要绘制一个正方形，可以新建一个自定义模块绘制一条边，绘制完成之后，旋转 90°，再次调用自定义模块本身绘制下一条边，程序如图 5-5 所示。

　　显然，我们的自定义程序模块会进行尾递归调用，当单击绿旗执行程序时，角色不停地重复绘制正方形的边，如图 5-6 所示，根本停不下来，就如同老和尚讲故事。

图 5-5　用递归算法绘制正方形　　　　图 5-6　角色不停地绘制正方形

　　我们在自定义程序模块中做一点小小的变化，如果在绘制每条线段的时候，都比上一条线段长度增加一点，会怎样呢？图 5-7 所示程序为每绘制完成一条线段，都将线段长度在上一条线段长度的基础上增加 5。

　　我们让程序绘制的第一条线段的长度是 1，程序如图 5-8 所示。

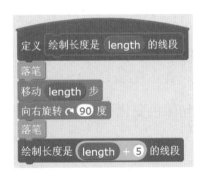

图 5-7　线段长度增加的尾递归程序　　　图 5-8　调用绘制线段的尾递归程序

　　执行程序，由于绘制线段的自定义模块不断递归调用，每次线段的长度都会增加 5，于是我们看到舞台上绘制出了图 5-9 这样的螺旋线条。似正方形，却又不是正方形。

　　当然，你可以更改线段长度增加的值，让线条呈现不同的疏密效果，程序见图 5-10，绘制效果见图 5-11。

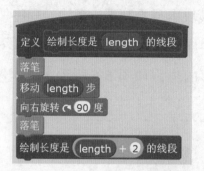

图 5-9　长度为 1 的螺旋线　　图 5-10　更改了长度增加值的程序　　图 5-11　绘制出的更密的螺旋

为了便于更改"线段长度增加的值"这一数据，可以将其设为参数，这样就可以方便地在自定义模块的外部自由更改，也更符合程序规范。程序如图 5-12 所示。

图 5-12　将长度增加值作为参数

3. 变幻螺旋线

刚刚我们绘制的螺旋线是在正方形的基础上变换而成的，如果移动 length 步之后向右旋转的角度不是 90°，而是 91° 会怎样呢？

为了不让线条的颜色那么单调，我们再增加一句颜色变化命令，如图 5-13 所示。绘制效果如图 5-14 所示。

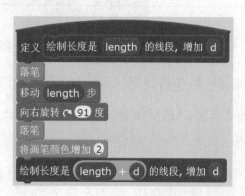

图 5-13　加入了颜色积木的螺旋线模块　　　　图 5-14　彩色螺旋线效果

当然，旋转角度的值还可以做更多可能的更改，同样，我们也可以将其设为参数，如图 5-15 所示。

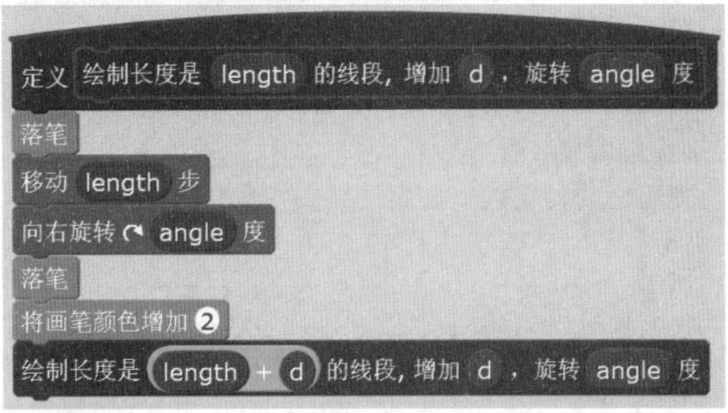

图 5-15　加入了旋转角度参数的螺旋线模块

这样，就可以在主程序中根据需要更改线段的初始长度、长度变化量与旋转角度了，如图 5-16 所示。

绘制效果如图 5-17 所示。

图 5-16　调用绘制螺旋线的模块

图 5-17　基于六边形的螺旋线效果

大胆尝试更改数据，会发现更多的可能。

4. 怎么停下来

怎么让绘制螺旋线这样的尾递归程序停下来呢？

为了让角色能够自动停止绘制，而不是人为单击停止按钮，可以给自定义程序模块中的程序加上限制条件。有一个简单的办法：在角色没有碰到舞台边缘的时候执行自定义模块下的程序，只要角色碰到舞台边缘，便不再执行，也就不会循环往复地进行尾递归调用了。加入了停止条件的绘制螺旋的尾递归程序如图 5-18 所示。

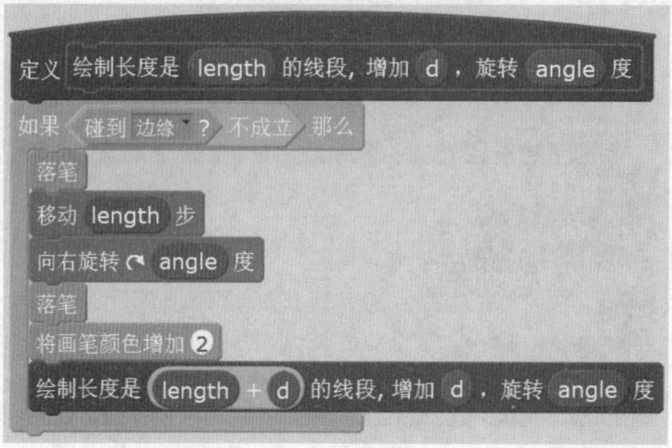

定义 绘制长度是 length 的线段，增加 d ，旋转 angle 度

如果 碰到 边缘 ? 不成立 那么

落笔

移动 length 步

向右旋转 angle 度

落笔

将画笔颜色增加 2

绘制长度是 length + d 的线段，增加 d ，旋转 angle 度

图 5–18　加入了停止条件的尾递归程序

当然，你可以让角色尽可能小，从而避免绘制时过早碰到边缘，以增加舞台的利用率。

自主探究

绘制螺旋图案，如图 5-19 所示。

图 5–19　螺旋图案

第2节 分形之树

分形是指一个几何形状，每一个小的部分具有与整体相似的性质，即自相似性。例如，西兰花一小簇与西兰花整体的大簇在形状上几乎完全一致，因此可以说西兰花簇是一个分形的实例。同样，树的一小枝与整棵树在形状上也是几乎完全一致，树也是分形的一个常见实例。

项目描述

这一节我们将运用递归思想绘制一棵二叉树，如图5-20所示。

图 5-20 "分形之树"项目效果

编程思路

（1）运用递归思想绘制二叉树。

（2）在基本二叉树的基础上进一步完善丰富。

程序设计

1. 绘制树干

首先来尝试绘制一棵最简单的树，最简单的树是什么样子呢？它只有一个光秃

119

秃的树干。

图 5-21 中这段简单的程序可以实现绘制一个树干，实际上就是一条线段。

绘制出的树干效果如图 5-22 所示。

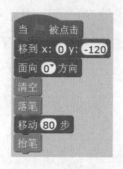

图 5-21 绘制树干的程序　　　　图 5-22 绘制出的树干效果

绘制完成后让角色返回起始位置，程序如图 5-23 所示，效果如图 5-24 所示。

为了便于调整这棵树的长度，可以新建一个自定义模块，将树的长度设为参数，如图 5-25 所示。

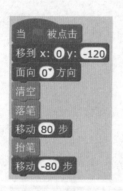

图 5-23 完整的绘制树干程序　图 5-24 绘制树干效果　图 5-25 定义绘制树干的模块以便调用

2. 一棵小树

刚刚我们绘制的是最简单的树，就只有一个光秃秃的树干，连分支都没有，现在我们要绘制一棵有分支的树。

这棵树有一个树干和两个分支，呈"丫"字形，且分支的长度是树干长度的 0.75，分支的夹角是 60°。

思路是这样的：第一步，向上运动 80 步，绘制出树干；第二步，向左旋转 30°，移动 80×0.75 步，返回；第三步，向右旋转 60°，移动 80×0.75 步，再返回到起始位置。在分支部分,可以使用刚刚自定义的模块,让程序变得简洁,绘制"丫"字形树的部分程序如图 5-26 所示。

"丫"字形树的绘制效果见图 5-27。

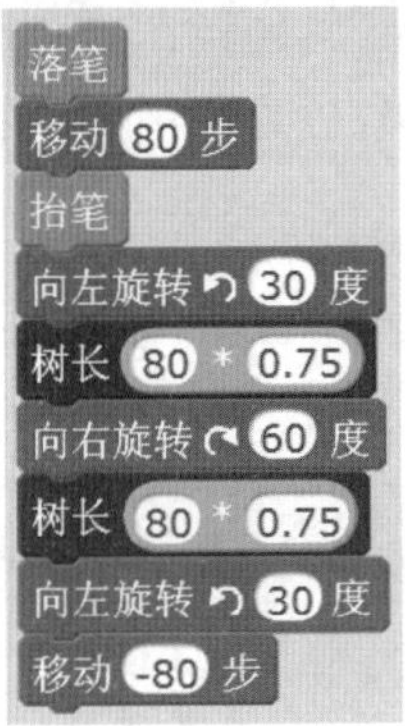

图 5-26 绘制"丫"字形树的部分程序　　　　图 5-27 "丫"字形树的绘制效果

这棵树一共有两级,树干属于第 1 级,两个分支属于第 2 级。

3. 更多的分支

如果要让这棵树有更多的分支怎么办呢? 一个分支继续分出两个分支,每一个分支又分出更小的两个分支,为了画一棵有许多分支的树,我们的程序会不会变得相当庞大呢? 要是树的每一级都要我们亲自手动写程序,确实费时费力。

采用递归算法,可以让复杂的事情变得简单,我们只需要找到某一级与下一级之间的关系即可。就如同在画"丫"字形树的时候寻找树干与分支之间的关系一样。

我们可以新建一棵画 n 级树的自定义功能块,如果要画一棵共有 n 级的树,那么就需要找到画 n 级树与画 $n-1$ 级树的关系。首先是需要绘制的级数由 n 级变为 $n-1$ 级,然后是树的分支的长度变为上一级的 0.75。

程序如图 5-28 所示,不过这样的程序有一个严重的问题,那就是它根本停不下来,因为我们没有给它加任何的限制条件。

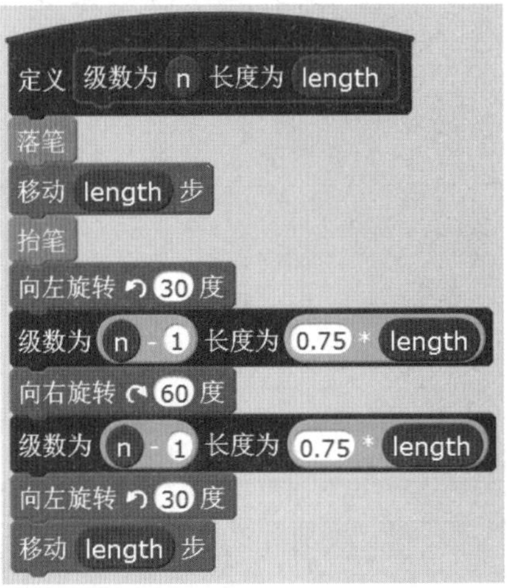

图 5-28 绘制 n 级树的自定义模块

121

很显然，级数 n 的最小值是 1，不会有级数小于 1 的树。也就是说，当级数为 1 的时候，只需要直接把这一级画出来就可以了，而不需要继续进行递归调用。所以可以将绘制 n 级树的自定义模块进一步更改为图 5-29 所示。

现在，可以绘制任意级数的二叉树了，不过级数越多，绘制的时间相应越长。你可以尝试绘制不同级数的二叉树。图 5-30 是绘制 5 级二叉树的程序。

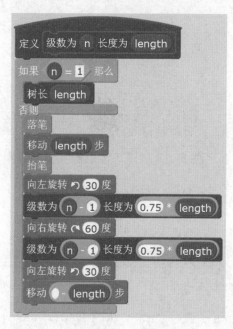

图 5-29　完整地绘制 n 级树的自定义模块　　图 5-30　调用绘制树的自定义模块

5 级二叉树的绘制效果如图 5-31 所示。

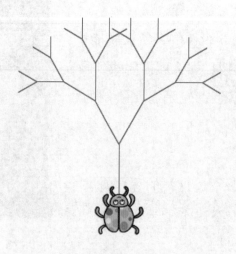

图 5-31　绘制完成的 5 级二叉树效果

4. 一些细节

绘制的过程确实让人感觉震撼，不过这与真实的树相距甚远。

首先要说的是树的各级分支的粗细。树的分支除了长度越来越短之外，直径应该越来越细才对。

我们在自定义功能块中新增一个控制分支粗细的参数，也就是采用与改变分支长度类似的办法来改变分支的粗细，同样，让每一级分支的粗细为上一级的 0.75 倍。修改后的程序如图 5-32 所示。

图 5-32 加入了树干宽度参数的绘制二叉树的自定义模块

我们在主程序中设置好数据，如图 5-33 所示，执行程序。

绘制效果如图 5-34 所示。

图 5-33 调用自定义模块程序　　　　图 5-34 绘制效果

其次要说的是颜色。单调的色彩完全不足以吸引眼球，能否根据级数改变颜色呢？答案是肯定的，下面介绍两种方法呈现的不同效果。

效果一，小树抽芽。图 5-35 所示的程序你一看就会明白，就是将最后一级作为嫩芽，采用绿色画笔，而绘制树干和其余的树枝采用棕色画笔。

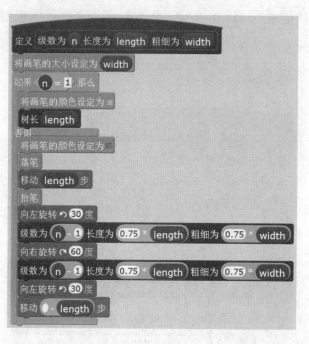

图 5-35　加入了颜色控制积木的绘制二叉树的自定义模块

绘制的效果如图 5-36 所示，为了让大家将注意力集中在树上面，同时为了整体的美观，这里隐藏了角色。

图 5-36　绘制效果

效果二，刮刮纸。我们让每一级的颜色都不相同，绘制一棵彩色的就如同在刮刮纸上刮出来的树。

接着在自定义功能块中引入颜色参数 color。这里将每一级的颜色值改变 5，你也可以根据自己的需要进行调整，程序如图 5-37 所示。

图 5-37　将颜色值作为参数的绘制二叉树的自定义模块

程序中虽然引入了许多参数，但原理都是一样的。在主程序中设置好参数值，如图 5-38 所示，执行程序看看效果吧！

最终实现的二叉树效果如图 5-39 所示。

图 5-38　调用绘制二叉树的自定义模块　　　　图 5-39　最终实现的二叉树效果

好吧，分形二叉树就绘制到这里，当然，你还可以考虑更多的细节继续进行改进，大家需要重点掌握的是递归绘图的算法！

125

回顾总结

（1）分形的实质是整体与部分相似的关系。

（2）递归算法的实质是寻找某一级与下一级之间的关系。

自主探究

绘制"毕达哥拉斯树"，如图 5-40 所示。

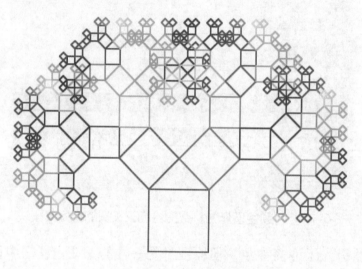

图 5-40 毕达哥拉斯树

第3节 科赫雪花

瑞典数学家科赫于 1904 年提出了著名的科赫曲线，这种曲线形如雪花，又称为雪花曲线。

项目描述

这一节我们将运用递归算法绘制一种形如雪花的曲线——科赫曲线，如图 5-41 所示。

图 5-41 "科赫雪花" 项目效果

编程思路

（1）了解科赫曲线的形状及作图方法。

（2）在 Scratch 中运用递归算法编程绘制科赫曲线。

程序设计

1. 作图方法

科赫曲线的生成是从图 5-42 所示的等边三角形开始的。

第一步：如图 5-43 所示，将每一条边三等分。

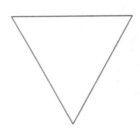

图 5-42 等边三角形

图 5-43 每条边三等分的等边三角形

第二步：如图 5-44 所示，以每边中间的一段为底边作一个等边三角形。

第三步：如图 5-45 所示，将刚刚绘制的每个等边三角形的底边去掉。

接下来，继续对每一条边三等分，以中间一段为底边绘制等边三角形，去掉底边，将得到图 5-46 所示的图形。

 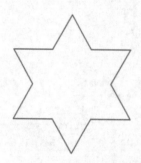 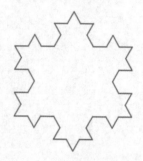

图 5-44　以每边中间的一段为底边作等边三角形　　图 5-45　去掉之前绘制的等边三角形的底边　　图 5-46　继续操作一次得到的图形

如果不断重复上面的步骤，得到的曲线就是所谓的"科赫曲线"。

2. 程序绘图方法

了解了"科赫曲线"的绘图原理，我们怎么通过 Scratch 编程来绘制呢？

首先从最简单的只有 1 级的科赫曲线考虑，只有 1 级的科赫曲线是一个等边三角形，只需要绘制一条线段作为三角形的一条边，如图 5-47 所示。

绘制线段的部分程序如图 5-48 所示。

2 级的科赫曲线需要在 1 级的基础上将线段三等分，那么每次移动的步数应该是 180 / 3 ，通过程序控制移动的步数和旋转的角度，如图 5-49 所示。

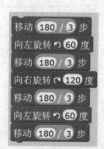

图 5-47　一条线段

移动 180 步

图 5-48　绘制线段的部分程序　　　　图 5-49　2 级曲线的部分程序

绘制出图 5-50 所示的由 4 条线段组成的图形。

那么，要绘制 n 级科赫曲线怎么办呢？我们新建一个图 5-51 所示的绘制 n 级科赫曲线的自定义模块吧！

当 $n=1$ 时，只需要绘制一条长为 size 的线段，程序见图 5-52。

图 5-50　2 级曲线示意图　　图 5-51　新建绘制 n 级科赫曲线的自定义模块　　图 5-52　$n=1$ 时的曲线绘制程序

当 n 不为 1 时，n 级科赫曲线是由 4 条大小为 size / 3 的 $n-1$ 级科赫曲线组成。自定义积木块的完整程序如图 5-53 所示。

在绿旗下调用刚刚新建的绘制科赫曲线的自定义积木块，如图 5-54 所示。

单击绿旗，轻松绘制图 5-55 所示的曲线效果。

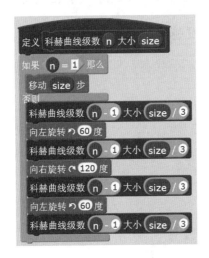

图 5-53　n 级科赫曲线的递归程序

图 5-54　调用自定义模块

图 5-55　级数为 3 的绘制效果

129

若要绘制出雪花形状，就需要重复执行 3 次绘制曲线与旋转。程序见图 5-56，就如同绘制三角形。

3 级科赫曲线如图 5-57 所示。

增加级数，看看有怎样的变化。4 级科赫曲线如图 5-58 所示。

5 级科赫曲线如图 5-59 所示。

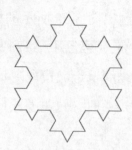

图 5-56　绘制科赫雪花形状的程序

图 5-57　3 级科赫曲线的效果

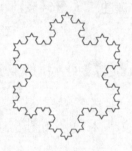

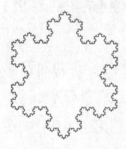

图 5-58　4 级科赫曲线的效果

图 5-59　5 级科赫曲线的效果

可以发现，随着级数的增加，曲线的总长度越来越长。从理论上说，如果科赫曲线的级数趋于无穷大，曲线的总长度也会趋于无穷大，而曲线所包围的面积却是有限的。

试　一　试

为科赫雪花加上颜色，形成彩色雪花效果。

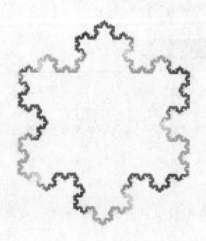

回顾总结

（1）分形法的实质是整体与部分相似的关系。

（2）递归算法的实质是寻找某一级与下一级之间的关系。

自主探究

绘制图 5-60 所示的图案。

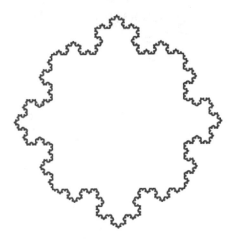

图 5-60 科赫图案

131

第6章
交互之趣

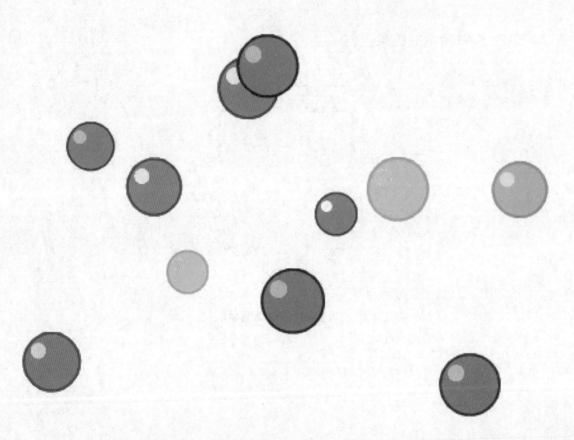

我们天生喜欢互动,

所以游戏才如此流行。

哪怕一件艺术品,

我们也期望它

能够交互,

以享受

与艺术交互的乐趣。

第1节 神奇画板

你肯定体验过使用计算机自带的画图软件进行涂鸦，在如今的数字时代，也许你不会觉得这样的绘画方式有何特别，也不曾思考过绘图软件背后的工作原理，除非我告诉你，我们马上要制作一款画图软件。使用 Scratch 便可以模拟系统自带的画图软件，你会发现，Scratch 竟然可以创造一个用于创造的工具。

项目描述

我们要用 Scratch 制作一款画图软件，以便可以在舞台上自由涂鸦，如图 6-1 所示。更为神奇的是，这是一块具有记忆功能的画板，它会记录下你的绘制过程，你可以通过回放功能来观看自己是如何一笔笔地绘制完的。

图 6-1 "神奇画板" 项目效果

编程思路

（1）编程实现通过鼠标控制画笔在舞台上的位置，按下鼠标左键开始绘画。

（2）编写程序记录鼠标经过的位置和绘画的位置。

（3）编写程序让画笔根据记录的数据进行动作回放。

程序设计

1. 鼠标绘画

在 Scratch 中，我们甚至可以在舞台上随心所欲地绘画，就如同使用画图软件上一样，按下鼠标左键就可以绘制想要的图形。怎么实现鼠绘的功能呢？

绘图的"画笔"实际上就是角色本身，我们希望"画笔"能时刻随着鼠标指针移动，可以运用动作类积木中的 移到 鼠标指针 积木。

133

怎么实现按下鼠标就可以绘画呢？ Scratch 可以通过侦测获得对外界的感知，我们在侦测类积木中找到  积木，这个积木是用来侦测是否按下鼠标，如果按下鼠标，则返回"真"，否则返回"假"，看来还需要用上"如果……否则……"积木。我们只需让 Scratch 不停地侦测鼠标是否按下，如果按下就"落笔"；否则就"抬笔"。于是，便有了图 6-2 所示的程序。

图 6-2　鼠标绘图程序

可是，看似优美简洁的一段程序脚本，貌似不能正常工作。当我们单击绿旗时，角色会随着鼠标移动，但按下鼠标时，并不能正常绘图。难道是程序写得有问题？切换到全屏播放模式，竟然可以正常绘图，这到底是怎么回事呢？

原来，在全屏播放模式中，角色默认无法拖动，于是便可以执行按下鼠标绘图的程序。而在普通模式下，角色在舞台上是可以被我们任意拖曳的，当按下鼠标左键时，Scratch 认为我们是拖曳角色，而不是根据编写的程序执行绘图功能，所以无法正常绘图。怎么解决这个问题呢？

方案一，在全屏播放模式下绘画。

方案二，将角色隐藏，如图 6-3 所示。无论是在普通模式还是全屏播放模式，都不会看到角色，但依然可以绘画。

方案三，将角色的中心点设置到角色外部。这里有一个很适合本课的角色，我们在角色库的物品栏目里找到 Pencil。将 Pencil 的中心点位置设置在角色之外，一个靠近笔尖的地方，如图 6-4 所示。

图 6-3　将角色隐藏

图 6-4　将中心点设置在角色之外

这里，我们采用第三种方案。选择一个自己喜欢的颜色，试试这只画笔吧。在舞台上的绘图效果如图 6-5 所示。

图 6-5　在舞台上的绘图效果

2. 动作回放

要是我们的画板就到这里结束了，何以配得上"神奇画板"这个名号呢？我们要制作画板的神奇之处在于——记忆功能！它能记住我们所绘制的内容。

为了记住绘制的图案，对于计算机来说，它要记录哪些数据呢？

第一，计算机要记录鼠标位置。我们绘制的图形实际上是由一个一个的点组成的，只需要让计算机记录下每一个点的位置就可以了，而每一个点的位置又对应了一个 x 坐标和一个 y 坐标，这很有可能是一大批数据。

第二，计算机需要记录鼠标的状态，这样计算机才知道什么时候开始绘制。

可是，如何记录每一个点的位置数据、鼠标在每一时刻的状态数据呢？这就需要用到链表。

链　表

一个变量只可以存储一个值，遗憾的是，如果要存储一系列的值就麻烦了，比如要储存班上 40 个同学的数学考试成绩，那就需要 40 个变量。链表可以按照一定的顺序存放许多变量，比如要储存数学成绩，可以新建一个链表 math。

我们看到舞台上出现了一个名为 math 的链表显示器，现在这个链表里面没有储存任何数据，所以该链表的长度为 0。我们可以单击链表显示器左下角的"+"号，在链表中添加数据。链表的长度表示的是链表中数据的个数，如果在链表中添加了

3 个数据, 这个链表的长度就是 3。

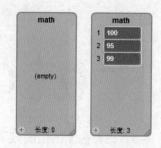

当然, 也可以使用链表相关的积木对链表中的数据进行更改, 如添加、插入、删除、替换。

添加: 将数据添加到链表的最后一项。

删除: 如果要删除链表中的数据, 有 3 种选择, 要么删除第一项, 要么删除最后一项, 要么全部删除。

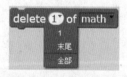

例如, 我们执行删除第一项。

插入：我们可以在链表的第一位、末尾或者随机的位置插入新的数据。

例如，在第一位插入一个数据。

替换：替换列表中的数据也有 3 种选择，要么替换第一项，要么替换最后一项，要么随机替换。

例如，我们替换最后一项。

我们已经了解了链表的基本操作，当要储存大量的数据时，就可以使用链表。

137

我们可以用链表来记录鼠标绘制的每一个点的位置，新建一个链表 x 来记录鼠标的 x 坐标，新建一个链表 y 来记录鼠标的 y 坐标。新建的链表 x 和链表 y 如图 6-6 所示。

现在就来编写一个程序让计算机不停地记录鼠标所经过的位置，说得更直白一些，就是记录鼠标的 x 坐标和 y 坐标。

只需要将绘图时鼠标经过的所有 x、y 坐标不断添加到 x、y 链表中即可，程序如图 6-7 所示。

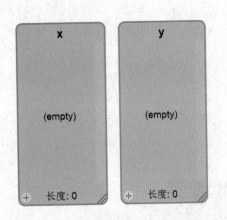

图 6-6　新建的链表 x 和链表 y

图 6-7　将鼠标的位置坐标储存在链表中

单击绿旗后，就可以绘图，在链表 x 和链表 y 中会不断地记录数据，这些数据表示了鼠标所经过的每一个位置。单击红圆按钮停止程序后，可以拖动链表右边的滚动条来查看这些数据。既然鼠标经过的每一个点的位置都已经被储存了下来，那么我们能不能进行动作回放呢？

当然可以，只需要让角色从链表中，一项一项地读取位置数据就可以了。不过现在我们不得不新建一个变量，用来储存数据读取到了第几项。新建变量 n 如图 6-8 所示。

图 6-8　新建变量 n

当按下空格键的时候，就开始了所谓的动作回放。n 的初始值设定为 1，表示从链表的第 1 项开始读取数据。角色需要移动到链表中第 n 项数据所对应的位置。每读取一组数据，都将 n 的值增加 1，接着读取下一项数据。重复执行直到读取到链表的末尾项，也就是读到 n 等于链表的长度时为止。动作回放程序如图 6-9 所示。

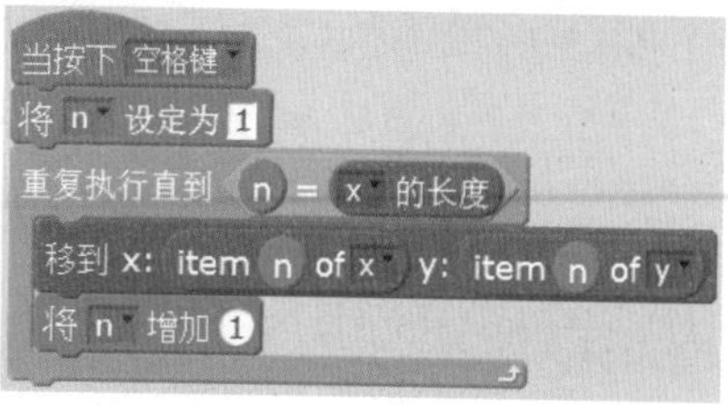

按下空格键后，不禁让人惊叹，画笔按照之前移动的轨迹移动，相当神奇。不过，将舞台清空之后，再次按下空格，就会发现画笔并没有真正绘制任何图形，仅仅是模仿画笔之前绘图时的运动轨迹，因为 Scratch 已经不记得我们在什么时候落笔、什么时候抬笔。

图 6-9　动作回放程序

鼠标经过每一个位置时的状态都是大量的数据，如图 6-10 所示，我们新建一个链表 s 来储存鼠标左键的按键状态。当然，鼠标左键的状态只有两种，按下与未按下，我们用数字 1 表示鼠标左键按下即落笔，用数字 0 表示鼠标左键未按下即抬笔。

为了实现记忆与回放功能，程序除了要记录鼠标经过的每一个点的坐标，还需要记录下我们在哪些位置按下了鼠标。如果鼠标在某一处被按下，就在链表 s 中添加 1，如果所经过的位置鼠标没有被按下，就向 s 中添加 0。

在每次录制鼠标动作前，需要将舞台清空并删除列表中之前储存的全部数据。录制绘图过程的程序见图 6-11。

139

图 6-10　新建链表 s

图 6-11　单击绿旗录制绘图过程的程序

接着还要改一改之前的回放程序，每一个点所对应的鼠标状态是 1 时落笔；否则抬笔。在每次动作回放时，我们先将之前绘制的图案清空。改进后的回放功能程序如图 6-12 所示。

试一试吧，看看我们的程序有多么神奇。当然你也会在反复测试的过程中发现一些问题。比如，单击绿旗是为了开始录制程序，而不是要在绿旗附近绘制一个图 6-13 所示的点。

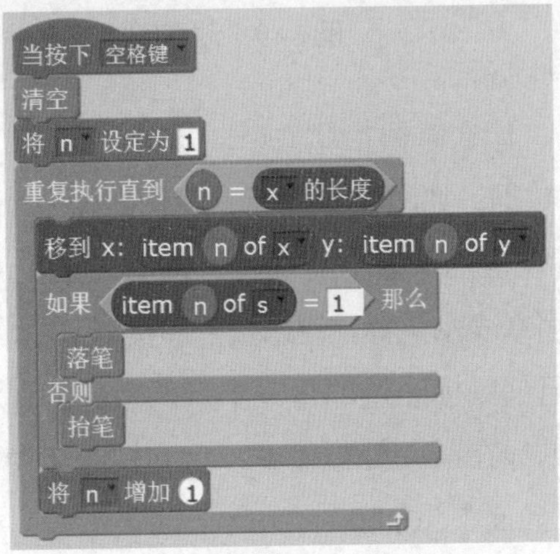

图 6-12　改进后的回放功能程序

图 6-13　绿旗旁边绘制出的点

为了解决这个问题，可以用按键替代绿旗启动程序，当然也可以用按键替代红圆结束程序。

经过修改之后的完整程序如图 6-14 所示。

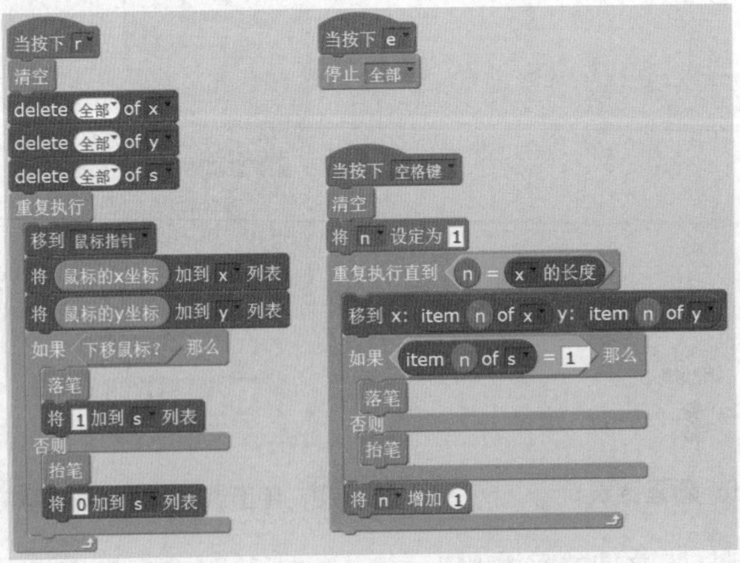

图 6-14　"神奇画板"的完整程序

按下 R 键进行录制，按下 E 键结束录制，按下空格键动作回放。

回顾总结

（1）在 Scratch 中，计算机可以通过侦测感知外界环境，如鼠标是否被按下。

（2）链表可以用于储存一系列的数据。

自主探究

1. 为画板增加画笔大小可调功能

略。

2. 为画板增加画笔颜色可选功能

略。

3. 为画笔增加图章功能

略。

第2节 音 乐 波 形

音乐是时间的艺术，它用声音感染着每一个人。声音是由振动产生的，声音有大小、有高低，不同的人、不同的乐器发出的声音音色不同。声音以波的形式传播，我们可以通过传感器搜集声音数据并记录在计算机中，通过软件还可以将声音的波形显示出来。Scratch 软件便可以调用计算机上的麦克风检测声音。

项目描述

通过编程实现当播放音乐时，在 Scratch 的舞台上显示出声音的波形，效果如图 6-15 所示。

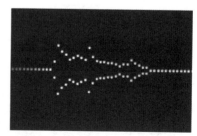

图 6-15 "音乐波形"项目效果

编程思路

（1）让 Scratch 能够检测到声音。

（2）通过编程让角色在舞台上随着检测到的声音响度值发生位置改变。

程序设计

1. 跳跃的精灵

这节课需要的角色是一个点，是的，你没看错，就是一个点，为了让自己能看得更清楚，在初始试验时可以将点画得大一些。

为了让计算机能够感知声音，需要为它连接一个麦克风，并且确保它是正常工作的。在 Scratch 软件的侦测类积木中找到 响度 积木，勾选响度积木前面的复选框，如图 6-16 所示，在舞台上就会显示 Scratch 现在侦测到的响度值，如图 6-17 所示，也就是声音的大小。当我们对着麦克风讲话时，响度值就会随着声音的大小发生变化。响度值的变化范围是 0~100，麦克风检测到的声音越大，响度值就越大。

为了直观地表示声音的大小，实现声音的可视化，可以用角色点的位置高低来表示音量的大小。我们通过一个简单的程序，将响度值与角色的 y 坐标关联起来，如图 6-18 所示。这样，角色的 y 坐标将会随着声音大小的变化而改变。单击绿旗，对着麦克风讲话或者播放一段音乐，就会看到这个点在舞台上跳跃，就如同舞蹈的精灵。然而遗憾的是，此时依然无法在纸上呈现她的曼妙舞姿。

图 6-16　响度积木

图 6-17　舞台上的响度值显示器　　　　图 6-18　将角色的 y 坐标与响度值关联的程序

2. 从点到波形

单独的一个点可能并不会让你惊叹，你肯定在计算机屏幕上看到过美丽的音乐波形，这个点与音乐波形相比或许逊色不少，不过我们可以这样来考虑——计算机屏幕上的任何图形，不都是由点组成的吗？

我们需要更多的点，但复制更多的角色肯定不是一个好办法。还记得吗？我们曾经使用过克隆积木，因此完全可以通过克隆得到更多的点。

我们让角色点在舞台的右边缘不断地克隆，克隆出的点，以一定的速度陆续往左移动，这些点连在一起就形成了类似波形的效果。

我们在之前程序的基础上继续更改，让角色在舞台的右侧不断进行克隆，如图 6-19 所示。

每克隆出一个克隆体，就让它向左以一定的速度移动，克隆体会保持自己被克隆出的那一瞬间的高度。这样的克隆体，我们不需要让它一直存在，当它碰到舞台左边缘的时候，就将它删除。克隆体的左移程序见图 6-20。

图 6-19　角色克隆程序　　　　图 6-20　克隆体左移程序

单击绿旗测试一下程序，就会发现，舞台上并没有出现任何的克隆体，仍然只有一个点在舞台的右侧边缘随着音乐跳跃，这是为什么呢？

分析第二段程序可以发现，当作为克隆体启动时，克隆体会重复执行向左移动，直到碰到边缘，然后将自身删除。然而在第一段程序中，我们将角色的初始位置的 x 坐标设置为 240，恰好是舞台的右边缘，这就意味着克隆体一诞生，它就碰到了边缘，所以就将自己删除了。为了解决这个问题，可以将角色的初始位置适当左移，把它的初始横坐标改为 236，当然也可以根据所画的角色点的大小确定克隆体的初始横坐标的值，避免克隆体刚刚诞生就因碰到边缘而被删除。修改后的角色克隆与克隆体左移程序如图 6-21 所示。

图 6-21　修改后的角色克隆与克隆体左移程序

单击绿旗，执行程序，此时在舞台上看到了一系列移动的点，如图 6-22 所示，这些点稍显散乱，点与点之间又似乎连成一条线，线条的起伏基本能反映声音大小的变化过程。

图 6-22　线的起伏反映声音大小的变化

再看一看图 6-23 中真正的音乐波形是什么样子的。

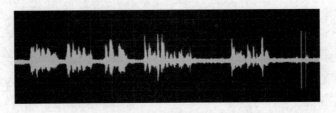

图 6-23　音乐波形

看来，我们绘制的波形线与真正的音乐波形还有很大差距，有一点很明显，真正的音乐波形几乎是上下对称的，我们在 Scratch 中能否实现呢？

实现对称效果很容易，可以复制一个角色点，让这个角色点的 y 坐标的位置与响度大小呈负相关即可，只需将程序稍作改动，如图 6-24 所示。

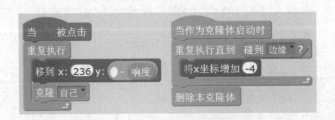

图 6-24　实现对称效果的程序

执行程序，图 6-25 是我讲话时在舞台上呈现的波形。

图 6-25　发出声音时舞台上所呈现的波形

若对程序稍作修改，如图6-26所示，加上颜色变化效果，将给我们带来更好的视觉体验。

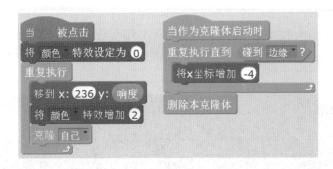

图6-26 在程序中加入颜色命令

最终实现的效果如图6-27所示。

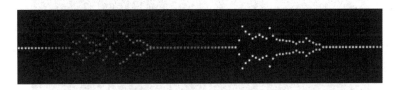

图6-27 最终实现的效果

尽量发挥你的想象力，在原程序的基础上进行更改，制造出更美丽的波形。

从严格意义上来说，这并不算是真正的声音波形，因为它并不完全具备声音波形的全部要素，它只反映了声音的响度变化过程，可以说这是对声音波形的模拟。

试 一 试

能否对程序进行修改，实现粒子的颜色能随着声音的响度而发生变化？

回顾总结

（1）Scratch可以通过侦测响度值来感知外界的音量。

（2）计算机屏幕上的图像都是由点构成的，我们也可以用点来组成想要的图像。

自主探究

1. 制作"音乐粒子"

　　随着声音大小产生与声音响度值数量呈正相关的粒子，同时，粒子的大小颜色随着声音的响度值变化，如图6-28所示。

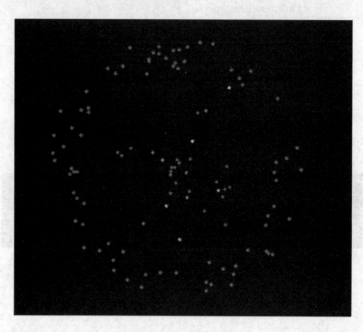

图 6-28　音乐粒子

2. 制作随音乐变化的花瓣

　　在第4章"炫彩花舞"的基础上进行更改，让花朵的大小、颜色、旋转速度随着声音的响度发生改变。

第3节　指尖火焰

　　火的使用，在人类文明发展史上有着极其重要的意义，人类用火烧烤食物、照明、御寒、驱赶野兽，增强了人类适应大自然的能力，推动了人类文明的进步。

项目描述

火焰的温度很高，只可远观而不可亵玩，这一节我们将在 Scratch 中模拟火焰效果，并通过手指的动作控制火焰在舞台上的位置，就如同火焰在指尖燃烧，如图 6-29 所示。

图 6-29 "指尖火焰"项目效果

编程思路

（1）绘制火焰角色，配合编程形成燃烧效果。

（2）侦测摄像头捕捉到的动作，随时调整角色在舞台上的位置。

程序设计

1. 灵动的火焰

你千万不要尝试在手指上点燃什么东西，因为我们这节课要用到的火焰只存在于 Scratch 中，它是虚拟的火焰，先绘制一个火焰角色吧！

在矢量模式下，选择椭圆工具，选择红色，再选择填充！如图 6-30 所示。

绘制一个椭圆，如图 6-31 所示。

单击变形工具，调整节点形成火焰形状，如图 6-32 所示。

图 6-30　绘图面板

图 6-31　绘制一个椭圆

图 6-32　调节成火焰形状

将火焰角色的中心点设置在火焰的根部，如图 6-33 所示。

如果火焰角色只有一个造型便无法制造出灵动的燃烧效果，所以需要为火焰增加造型。复制刚刚绘制的造型，对火焰造型稍作调整，如图 6-34 所示。

图 6-33　确定中心点

图 6-34　复制调整后的火焰形状

我制作了 4 个稍有差别的火焰造型，如图 6-35 所示。

在脚本区编写图 6-36 所示的这段程序脚本，单击绿旗，火焰燃烧、跳跃起来。

我们也可以在火焰周围加上一些闪烁的火星，当然我不是指地球的邻居，而是伴随着火苗闪亮的小光点。

绘制一个简单得不能再简单，熟悉得不能再熟悉的角色，如图 6-37 所示。

图 6-35 火焰的 4 个造型

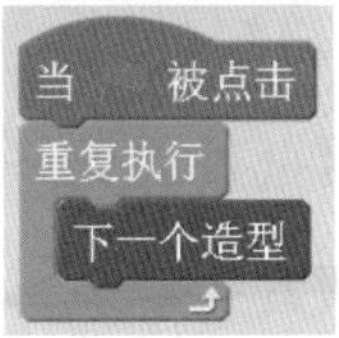

图 6-36 火苗跳动程序

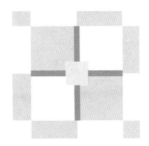

图 6-37 绘制黄色点作为小火星角色

让小火星角色置于最上层，在火焰附近的随机位置克隆自己，程序如图 6-38 所示。

图 6-39 所示的程序实现小火星向上飘动，然后逐渐消失的过程。

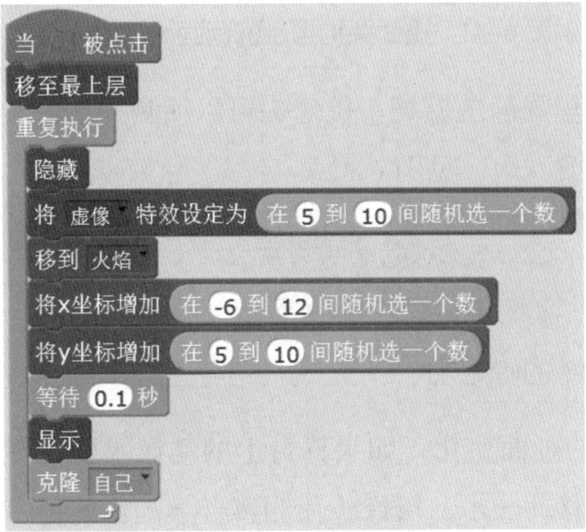

图 6-38 小火星角色的克隆程序

图 6-39 小火星的克隆体飘动消失程序

这样，在执行程序时，总会看到火焰附近闪烁的小火星。

149

2. 体感游戏

现在，我们要把这团火焰放到指尖，当然我们没办法把它取出来，但是我们可以钻到计算机里面去。计算机可以通过鼠标侦测位置，通过麦克风侦测声音的响度大小，还可以通过摄像头获取图像，侦测图像上的动作。

打开摄像头，并将视频透明度设置为 0，程序如图 6-40 所示。

执行程序，舞台上会显示摄像头所拍摄到的画面，如图 6-41 所示。

图 6-40　摄像头控制程序

图 6-41　摄像头拍摄到的画面

看到我身旁的那团火焰了吗？它在那里静静地燃烧。摄像头可以侦测到角色上的动作或方向，也可以侦测舞台上的动作或方向，见图 6-42。

图 6-42　摄像头的侦测方式

让 Scratch 不断侦测摄像头所拍摄到的画面变化，如果舞台上的动作幅度足够大，如大于 5 时，就让角色面向动作方向移动 5 步。摄像头侦测舞台上动作的程序如图 6-43 所示。

现在执行程序，伸出你的手，控制这团熊熊燃烧的火焰吧，它会跟着你的手指移动，而你完全不用担心它会灼伤你的手指。效果如图 6-44 所示。

程序其实很简单，却可以实现类似体感游戏的效果。

图 6-43　用摄像头侦测动作　　　　　图 6-44　火焰随手指移动的效果

回顾总结

（1）Scratch 可以通过摄像头感知动作变化，实现体感交互。

（2）Scratch 可以侦测摄像头前的动作大小和动作方向。

151

自主探究

制作游戏"打泡泡"

舞台的下边缘处不断产生彩色的泡泡并向上飘动，人在摄像头前挥手可以将泡泡打破，如图 6-45 所示。

图 6-45　打泡泡游戏

参考文献

[1] Marina Umaschi Bers, Mitchel Resnick. 动手玩转 Scratch2.0 编程——STEAM 创新教育指南 [M]. 于欣龙，李泽，译. 北京：电子工业出版社 ,2016.

[2] 于方军 .BYOB 创意编程：Scratch 扩展版教程 [M]. 北京：清华大学出版社 , 2014.

[3] Scratch 官方网站 .https://scratch.mit.edu/.